Martin Kramer · Mathematik als Abenteuer

Martin Kramer

Mathematik als Abenteuer

Erleben wird zur Grundlage des Unterrichtens

 Aulis Verlag Deubner

Über den Autor:

Martin Kramer

geb. 1973 in Esslingen am Neckar,
Gymnasiallehrer für Mathematik und Physik,
Spielleiter, Theaterlehrer,
im Vorstand der Landesarbeitsgemeinschaft
Theater-Pädagogik Baden-Württemberg e. V.,
Schwerpunkt in der Entwicklung
und Umsetzung von Unterrichtsmethoden
und Materialien

Bibliografische Information Der Deutschen Bibliothek

Die Deutsche Bibliothek verzeichnet diese Publikation
in der Deutschen Nationalbibliografie;
detaillierte bibliografische Daten sind im Internet über
<http://dnb.ddb.de> abrufbar.

Bestell-Nr. 6107
© Alle Rechte bei AULIS VERLAG DEUBNER, Köln, 2008
Gestaltung: *Sybille Hübener*, Köln
Printed in the European Community
ISBN 978-3-7614-2732-3

Das vorliegende Werk wurde sorgfältig erarbeitet. Dennoch übernehmen Autor und Verlag für die Richtigkeit von Angaben, Hinweisen und Ratschlägen sowie für eventuelle Druckfehler keine Haftung.

Aus dem Inhalt

Warum „Abenteuer"? 11

Teil I: Mathematische Inhalte 13

1 Geometrie 13

Geometrie der Ebene 14
- 1.1 Symmetrie 14
- 1.2 Winkel 18
- 1.3 Geometrische Konstruktionen mit Zirkel und Lineal 20
- 1.4 Winkelsumme im Dreieck oder Parkettierungen 29
- 1.5 Der Satz des Thales 34
- 1.6 Streichhölzer 36
- 1.7 Kongruenzsätze oder der Anruf vom Baumarkt 39
- 1.8 Strahlensatz 40

Geometrie im Raum 44
- 1.9 Knete und Streichhölzer 44
- 1.10 Senkrechte Parallelprojektion (Zweitafelprojektion) 46
- 1.11 Satz des Pythagoras und die Raumdiagonale des Klassenzimmers 47
- 1.12 Drei Pyramiden in einer Kartoffel 49
- 1.13 Kegeloberfläche oder der Bau eines Kegels 50
- 1.14 Bau von Dächern 51
- 1.15 Trigonometrie 52

2 Algebraische Umformungen – Arithmetik 59
- 2.1 Mathematik ist eine Sprache: Rechengesetze als Grammatik 60
- 2.2 Mathematik als Schachspiel 61
- 2.3 Die Waage 63
- 2.4 Hölzer in der Box 64
- 2.5 Aus-x-en: Das „x" auspacken und vom Rechnen mit Klammern 68
- 2.6 Potenzgesetze oder das Aufschließen von Gleichungen .. 71
- 2.7 Umgang mit großen Zahlen – Modell unseres Sonnensystems 75
- 2.8 Differenziertes Kugellager 76
- 2.9 Schritt für Schritt – Lösungen abschreiben 79
- 2.10 Wissen in der Streichholzschachtel – eine belohnende Abfragetechnik 80

Inhalt

3	**Wahrscheinlichkeit**	83
3.1	Ungerechtigkeit mit Gummibärchen oder Siedler von Catan	84
3.2	„Gesetz" der Großen Zahlen	87
3.3	Gesetz der Großen Zahlen oder das Knacken von Geheimen Botschaften	89
3.4	Lotto (n über k)	93
3.5	Lotto in Kürze	96
3.6	Ziehen mit Zurücklegen – Bingo	97
3.7	Kombinatorik	97
3.8	Das Gegenereignis oder die Häufigkeit von Geburtstagen	98
3.9	Additonssatz	101
3.10	Binomialverteilung	102

4	**Funktionen**	105
4.1	Die Funktion als „Black Box"	106
4.2	Wirkungsweisen von Funktionen	107
4.3	Schiffe versenken oder Koordinatensysteme	108
4.4	Figurentheater an der Tafel	110
4.5	Lineare Zuordnungen – Funktionen im Glas	110
4.6	Steigung einer Treppe	112
4.7	Weitere Funktionen im Glas	113
4.8	Potenzfunktionen und Wachstum	115
4.9	Verkettung oder Funktionen umarmen sich	123
4.10	Schaubilder als Standbilder	123
4.11	Teamtraining mit Schaubildern	125
4.12	Magnete und Post-it's	128
4.13	Winkelfunktionen und Zeigerdiagramme	129

Differentialrechnung ... 135

4.14	Infinitesimalrechnung und der Grenzwert als Zaun	135
4.15	Extremstellen mit Figurentheater	137
4.16	Wendestellen	138

Extremwertprobleme ... 139

4.17	Das Popcornproblem	139
4.18	Pizzaschachtel	141
4.19	Das Häuptlingszelt	142
4.20	Weitere extremale Körper	144
4.21	Streichholzschachteln und die Milch im Tetrapack	145

Inhalt

Vollständige Induktion 146
4.22 Das Beweisprinzip 146
4.23 Beispiele ohne Zahlen 149

5   **Lineare Gleichungssysteme** 155
5.1   Algebraische und grafische Welten 156
5.2   Darstellung der Lösungsmenge von Gleichungen
      mit zwei Variablen 157
5.3   Darstellung der Lösungsmenge von Gleichungen
      mit drei Variablen 160
5.4   Ein erstes LGS, Gleichsetzungs- und Einsetzungsverfahren 162
5.5   Das Gaußverfahren oder Informationen wandern
      von Planet zu Planet 166

Vektorrechnung 167
5.6   Kommutativgesetz und Addition von Vektoren 167
5.7   Das Klassenzimmer als Koordinatensystem oder
      eine Gerade aus Köpfen 169
5.8   Lineare Unabhängigkeit oder
      ein geschlossener Rundwanderweg 171

Teil II: Didaktik 175

6   **Methoden, die sich auf den Raum beziehen** 175
6.1   Standpunkte einnehmen 176
6.2   Tafelgruppe und Stillarbeiter 178
6.3   Rundwanderwege 179
6.4   Schritt für Schritt: Lösungen abschreiben 181
6.5   Konstruktivismus oder in der Schule die Erklärung,
      der Aufschrieb zu Hause 182

7   **Gruppenarbeit** 185
7.1   Farbgruppen bzw. Langzeitgruppen 186
7.2   Gruppenranking 189
7.3   Noch einmal Gruppenranking 191
7.4   Schüler erstellen eine Klassenarbeit 194

8   **Rollenwechsel** 197
8.1   Schüler erklären sich gegenseitig den Stoff 198
8.2   Das SKJ-Prinzip 198
8.3   Freundliche Abfragetechniken 200

Inhalt

9 Mathematik am Rande des Bildungsplanes? 207
9.1 Mathematik. Wozu überhaupt? 208
9.2 Bin ich mathematisch? 211
9.3 Ein Labyrinth für Blinde oder
 lokale und globale Betrachtungen 213
9.4 Minimalflächen und Seifenblasen 215
9.5 24 Stunden Mathematik 218
9.6 Das Mönchproblem oder die Suche
 nach einem Kommunikationssystem als Algorithmus ... 221

Materialien 224
9.7 Ein Koffer 224

Wozu Abenteuer 226

Literatur 227

Dank 228

*„Das brauche ich nicht zu lernen,
das habe ich erlebt!"*

Für Jim und für Helmut Salzmann und seine Vorlesungen.
Ohne diese Menschen hätte ich das Staunen nicht gelernt.

Vorwort

Warum „Abenteuer"?

Mathematik ist nicht irgendein Fach. Es lehrt die reine Form, Form ohne Inhalt. Das Skelett des Geistes sozusagen. Kein anderes Fach vermag derart tief in die Abstraktion vorzudringen wie die Mathematik. Ein Abenteuer also. Ein Eindringen, nein, besser ein Eintauchen in neue Welten, in Welten des Geistes.

Weder das „Pauken" noch das „exakte Vorzeichnen" eines mathematischen Inhalts werden den Ergebnissen der neurowissenschaftlichen Gehirnforschung gerecht. Eine direkte *Beschulung* vom Lehrer zum Schüler ist unzureichend. Der Schüler muss sich seine eigene (mathematische) Welt selbst *konstruieren*. Fehler erhalten eine andere Bedeutung: Wer heute noch keinen Fehler gemacht hat, hat heute vielleicht noch gar nichts gemacht. Für den Lehrer bedeutet das, „Schülerfehler" und Irrläufer aushalten zu können. Das liest sich einfach, ist es aber nicht.

Dieses Buch möchte konkret einen Mathematikunterricht aufzeigen, der auf einem *konstruktivistischen Lernverständnis* beruht und dabei *erlebnispädagogisch* geprägt ist.

Das ist neu. Und es erfordert eine strenge Einhaltung von Regeln, ansonsten wird Freiraum zu Chaos. So wird dem Lehrer eine neue Rolle zuteil: Er ist nicht mehr der *Beschulende*, vielmehr gibt er *Strukturen* vor, bei denen sich die Schüler gegenseitig selbst unterrichten. Auf den ersten Blick mag diese Art des Unterrichtens viel Vorbereitungszeit vermuten lassen. Das täuscht. Im Gegenteil: Es entlastet den Lehrer. Es ist „nur" ein anderer (gedanklicher) Ansatz.

Zum Buch

Teil I des Buches enthält mathematische Inhalte, zugeschnitten auf den Unterrichtsstoff, und ist in die Kapitel Geometrie, Arithmetik, Wahrscheinlichkeit, Funktionen und Lineare Gleichungssysteme gegliedert. Mathematische Bezeichnungen sind von Land zu Land unterschiedlich. In den Kapiteln wird die Länge der Strecke mit $\overline{AB}$ bezeichnet, wie auch das geometrische Objekt selbst. Analog wird nicht zwischen einem Winkel und dessen Weite unterschieden.

Auch wenn die meisten schulrelevanten Themen besprochen werden, ist es nicht vollständig im Sinne eines Nachschlagewerkes. Das würde den Rahmen sprengen, da aus jedem Kapitel ein eigenständiges Werk entstehen könnte. Vielmehr geht es um eine Herangehensweise, die sich von der üblichen Stoffvermittlung unterscheidet. Gerne darf der Leser die vorgestellten Ideen für seine Zwecke anpassen und abändern, oder auch etwas völlig Neues entstehen lassen.

Teil II beschäftigt sich mit didaktischen Methoden, die für die Mathematik entworfen und aufgeschrieben wurden. Natürlich finden die meisten Techniken auch in anderen Fächern Verwendung. Bis auf wenige Ausnahmen können beide Teile unabhängig voneinander gelesen werden. *Methoden, die sich auf den Raum beziehen, Gruppenarbeit, Rollenwechsel* sind die Hauptthemen.

Wie positiv das Konzept „Mathematik als Abenteuer" auch sein und wirken mag: Unterrichten Sie gegen den Willen der Klasse, werden Sie vermutlich deren Widerstand spüren. Fragen Sie jedoch ihre Schüler zuvor, ob sie diese Methode ausprobieren wollen, werden Sie fast immer Zustimmung erhalten. Schüler mögen diese Art von Unterricht. So habe ich es in den drei Unterrichtsjahren, in denen dieses Buch entstanden ist, nur ein einziges Mal erlebt, dass eine Klasse „Nein" sagte. Aber auch das ist in Ordnung.

Dieses Buch möchte keine Vorschriften darüber machen, wie man etwas am besten unterrichtet. Weder Lernzirkel noch andere Unterrichtsmethoden sind zu verordnen, da alle Methoden zur jeweiligen Lehrerpersönlichkeit passen müssen. Der Leser darf und soll verändern, hinzufügen, experimentieren oder verwerfen. Es geht nicht darum, besondere Leistungen anzustreben oder etwas zu kopieren, sondern ein Abenteuer des Geistes umzusetzen: Jeder Lehrer kann das. Aber kein Lehrer muss das.

Martin Kramer

Teil I
Mathematische Inhalte

Kapitel 1
Geometrie

Geometrie der Ebene

1.1 Symmetrie

Vielleicht markiert Symmetrie – zumindest didaktisch gesehen – den Beginn von Mathematik. Es lenken keine Rechnungen und Zahlen von klaren Strukturen ab.

Achsensymmetrie

In den beiden folgenden Übungen sollte nicht gesprochen werden. Die Konzentration und der Zauber verschwinden mit dem gesprochenen Wort. Symmetrie wirkt erst in der Exaktheit: Ungefähr symmetrisch ist schlichtweg unsymmetrisch. Es macht demnach einen großen Unterschied, ob der Radiergummi ein oder zwei Zentimeter vom Tischrand entfernt liegt. Die erste Übung ist leichter, da lediglich der Raum verändert wird. Die Bewegung im zweiten Teil enthält höhere Anforderungen.

Erste Übung:
Das Klassenzimmer wird mit einem Kreppband oder einer Schnur entlang einer Symmetrieachse zweigeteilt. Aufgabe ist es, den Raum bezüglich der Symmetrieachse vollkommen symmetrisch einzurichten. Tische und Bänke, Vorhänge und Beleuchtung, wie auch Schultaschen, Mäppchen und Schreibzeug, sind exakt zu positionieren. Zum Schluss ordnen sich die Schüler selbst spiegelsymmetrisch an.

Zweite Übung:
Die Schüler stellen sich entlang des Kreppbandes paarweise auf und vereinbaren, wer von ihnen das Original und wer das Spiegelbild ist. Das Original beginnt mit einer ganz langsamen und einfachen Bewegung. Das Spiegelbild folgt synchron der Bewegung. Zuerst darf das Original nur den Kopf bewegen, dann die linke Hand, den Arm, den Oberkörper, die Beine, … und zum Schluss den ganzen Körper.
Ziel der Übung ist wiederum die Exaktheit: Es geht also nicht darum, dass das Original das Spiegelbild austrickst. Vielmehr soll ein fremder Beobachter nicht mehr ausmachen können, wer von den beiden gespiegelt wird. Schnelle und ruckartige Bewegungen wirken sich störend aus, daher ist Zeitlupentempo angesagt. Oder noch langsamer.

Kapitel 1　　　　　　　　　　　　　　　　　　　　　　　　　　Geometrie

Klappt diese Übung paarweise, so können die Originale untereinander agieren. Sie können beispielsweise übereinander steigen, sich die Hand geben, einen Kreis bilden ... Die Originale selbst müssen nicht auf die Spiegelbilder achten, sie müssen nur sehr langsame Bewegungen ausführen und dürfen ihr Gesicht nicht vom Spiegel abwenden. Die Spiegelbilder folgen dann automatisch.

Immer wieder kann der Lehrer das Spiel durch Klatschen unterbrechen. Die Schüler verharren dann in ihrer Haltung, sie gehen in freeze. Es ergeben sich unglaublich beeindruckende Bilder. Auf ein zweites Klatschen hin wird die Bewegung wieder aufgenommen.

Erweiterung:
Um die Exaktheit des Spiegelns sicherzustellen, sollen drei Schüler den Raum verlassen, bevor ausgemacht wird, welche Seite das Original und welche das Spiegelbild darstellt. Im Idealfall ist es den Außenstehenden nicht möglich, klar zu entscheiden, welche Seite welche Rolle einnimmt.

Noch eine Anmerkung: In einem quadratischen Klassenzimmer stellt die Diagonale eine ungewohnte Spiegelachse dar.

Origami:
Eine einfache, selbsterklärende Übung. Vielleicht eine Hausaufgabe. Spannend wird die Aufgabe dadurch, dass man sich das Ergebnis vor dem Aufklappen überlegt.

Kapitel 1 *Geometrie*

Punktsymmetrie
Die Übungen verlaufen ähnlich wie die zur Achsensymmetrie. Die Symmetrieachse wird durch einen Punkt in der Mitte des Raumes ersetzt.

Punktsymmetrie in der Ebene:
Mit einem Gegenstand (z. B. Tafelschwamm) wird der Spiegelpunkt markiert. Wieder werden Paare gebildet und wieder werden die Rollen Original und Spiegelbild verteilt. Die Originale verteilen sich im Raum und erstarren. Die Spiegelbilder suchen ihren Platz und nehmen die gespiegelte Haltung ein. Betrachtet wird hier nur die senkrechte Projektion auf dem Boden. Etwas bildlicher erklärt: Imaginäres Sonnen-

licht fällt senkrecht von oben auf die Schüler. Nur die Schattenbilder bewegen sich punktsymmetrisch zueinander. Neu gegenüber der Achsensymmetrie ist, dass sich die Originale nun im ganzen Raum bewegen können. Für einen Beobachter, der entscheiden soll, wer führt und wer geführt wird, ist es hier schwieriger.

Punktsymmetrie des Raumes:
Der Spiegelpunkt wird nun in Tischhöhe markiert. Da das Spiegelbild eines aufrecht stehenden Schülers einen Kopfstand machen müsste, werden im Folgenden nur die Köpfe (als Punkte) betrachtet. Geht also der Kopf des Originals hoch, so geht nur der Kopf des Spiegelbildes runter. Diese Übung zeigt leider nur das Prinzip der Punktsymmetrie im Raum, jedoch lassen sich Tische und Bänke beispielsweise auf diese Art nicht punktsymmetrisch anordnen. Die Hälfte davon würde an der Decke hängen.

1.2 Winkel

Eine Schatzsuche
Von einem klar definierten Standort und einer Standrichtung aus sollen die Schüler mithilfe der Angaben von Winkeln und Längen einen Schatz finden.

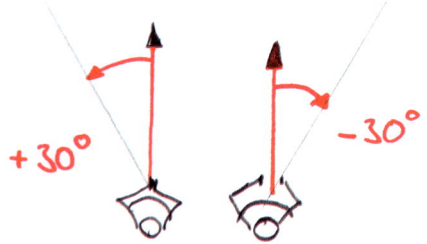

Voraussetzungen:
Hier wurde der dynamische Winkelbegriff zugrunde gelegt. Demnach wird eine Linksdrehung (*gegen den Uhrzeigersinn*) positiv gezählt und eine Rechtsdrehung (*im Uhrzeigersinn*) negativ.
Hilfreich ist eine verkehrsarme Gegend, beispielsweise eignet sich eine Fußgängerzone in der Innenstadt.

Eine Vorübung:
Bevor die Schatzsuche beginnen kann, sollte jeder Schüler die Bedeutung von + 30° und – 30° verstanden haben. Ein solches Training macht auch alleinstehend durchaus Sinn: Alle Schüler legen die Handflächen wie zum Gebet aneinander und zeigen damit beispielsweise auf die Festerfront im Klassenzimmer. Der Lehrer oder ein Schüler gibt den Drehwinkel vor: – 40°. Auf ein Signal hin (Händeklatschen des Lehrers, Licht anschalten) drehen sich alle Schüler um 40° nach rechts (im Uhrzeigersinn). Falls man draußen

ist, kann man ein paar Meter in die neue Richtung gehen und dann einen neuen Drehwinkel angeben. Im Klassenzimmer wird man sich nur Drehen können.

Wichtig bei dieser Übung sind Stille und Exaktheit. Es ist ungeheuer wirkungsvoll, wenn auf ein Zeichen hin die ganze Klasse sich synchron um einen bestimmten Winkel dreht. Wenn nur ein Schüler lacht, ist die Wirkung dahin.

Die Suche:

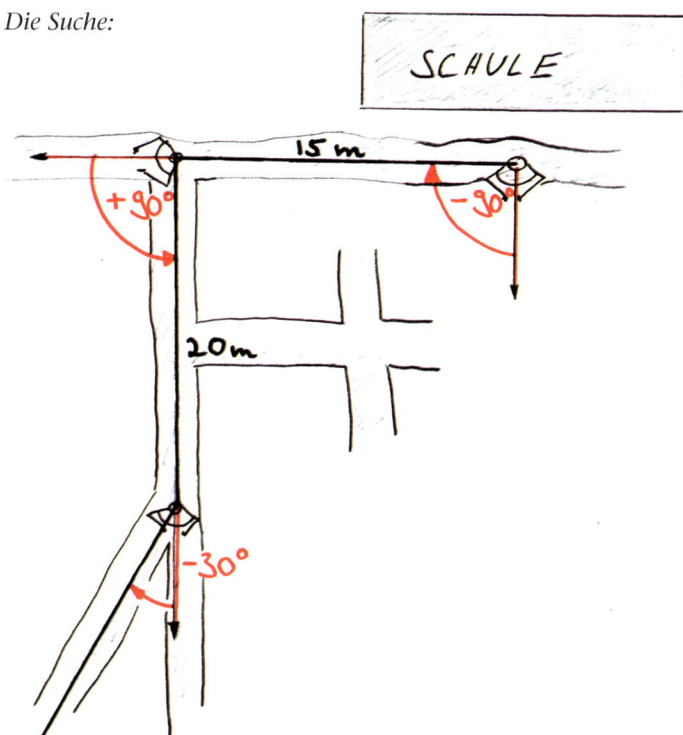

Im Beispiel ist der klar definierte Startpunkt vor der Schule. Die Blickrichtung wird durch einen Pfeil angedeutet. In die Hand bekommen die Schüler nur die grau unterlegten Angaben:

Schülerblatt	Bedeutung der Anweisung
− 90°	90°-Drehung im Uhrzeigersinn
15 Meter	15 Meter der Nase nach
+ 90°	90°-Drehung gegen den Uhrzeigersinn
20 Meter	20 Meter der Nase nach
− 30°	30°-Drehung im Uhrzeigersinn
...	...

Varianten der Durchführung:

Mit einem Stadtplan und einem Geodreieck lässt sich schnell ein gehbarer Weg skizzieren. Kopiert man den Stadtplan zuvor auf Folie, hat man gleichzeitig eine Lösung. Das Ziel kann eine Grillstelle sein oder der eigene Wohnort. Auf diese Weise kann der Lehrer seine Schüler zu sich einladen.

Alternativ kann man die Klasse in Gruppen aufteilen. Jede Gruppe überlegt sich einen Weg für ein anderes Team. Das kann mithilfe eines Stadtplanes abstrakt am Tisch geschehen oder tatsächlich abgelaufen werden. Dieses Vorgehen dauert zwar länger als die erste Variante, lässt aber die Schüler einen *Rollenwechsel* durchführen: Einmal ist er Aufgabensteller, einmal Aufgabenlöser.[1] Als Aufgabensteller konstruiert die Gruppe selbst eine Aufgabe (vgl. auch Abschnitt 6.5).

Noch eine dritte Alternative: Statt im Großen die Wege abzuschreiten, kann man stellvertretend Figuren (z. B. von Playmobil) im Schulhaus gehen lassen. Diese Variante ist nicht ganz so nett, dafür wetterunabhängig.

1.3 Geometrische Konstruktionen mit Zirkel und Lineal

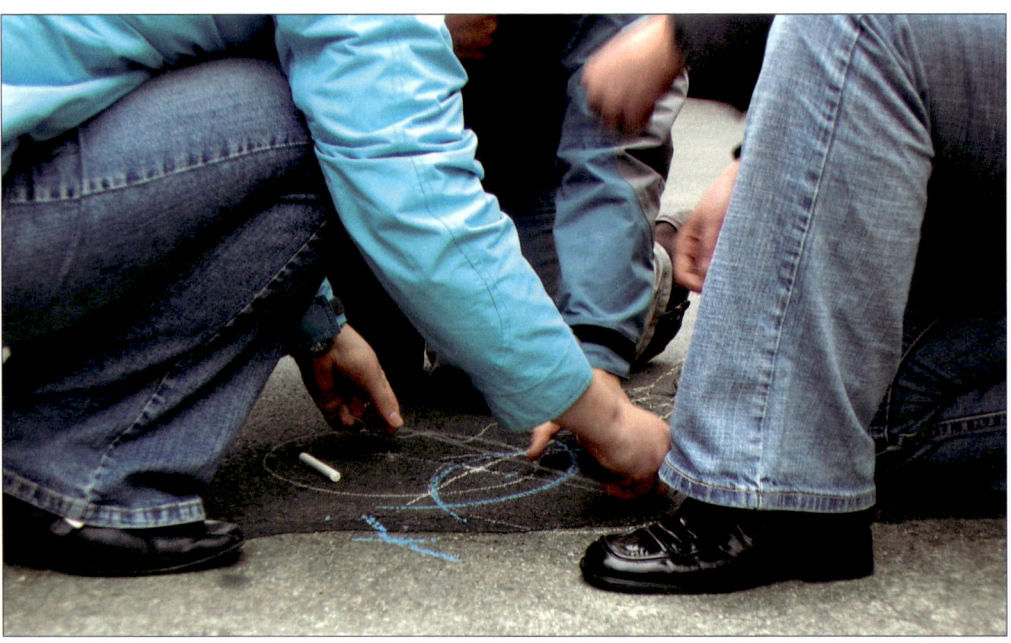

[1] Ausführlich wird die Methode in „Schule ist Theater" [Kra] besprochen.

Konstruktionspläne

Mathematik ohne Zahlen könnte man die folgende Art von Denken nennen. Oft werden Schüler durch Variablen und Gleichungen abgeschreckt, dabei leisten sie etwa bei der Konstruktion eines Kreismittelpunktes ein ebenso schrittweises Vorgehen wie beim Lösen einer Gleichung. Konstruktionspläne können eingeführt werden, noch bevor ein geometrisches Objekt gezeichnet wird.

Trinkbecher:

Ein möglicher Einstieg in geometrische Konstruktionen: Die Schüler basteln einen Trinkbecher und sollen danach einen Konstruktionsplan angeben. Schwieriger, aber wesentlich origineller, ist ein Vorgehen, das den Sinn einer Konstruktionsbeschreibung beschreibt:
Der Lehrer nimmt seinen Stuhl und nimmt hinten im Klassenzimmer Platz: Kein Schüler darf sich umdrehen. Jeder bekommt ein DIN-A4-Blatt und versucht ohne Hilfe des Nachbars den Faltanweisungen des Lehrers zu folgen. Dieser beschreibt Schritt für Schritt die Konstruktion dieses Faltbechers:

Kapitel 1 *Geometrie*

Mit den gefalteten Bechern lässt sich anschließend auf die Geometrie anstoßen, falls es die Qualität des Leitungswassers zulässt. Und wenn die Klasse es zulässt.

Verschärfen kann man die Übung noch dadurch, dass auch der Lehrer sich von der Klasse wegdreht. Nun hat er keine Rückmeldung darüber, wie viele seinen Anweisungen folgen.

Noch eine Anmerkung: Das Ergebnis ist etwas Nützliches. Der Becher, gefaltet aus weißem Kopierpapier, hält die Flüssigkeit mehrere Minuten. Falls Sie also einmal einen Sektempfang geben möchten und keine geeigneten Gläser haben, können Sie Ihre Besucher falten lassen.

Faltanleitung eines Hubschraubers:
Es werden fünf bis sechs Gruppen gebildet (vgl. auch Farbgruppen 7.1). Jede Gruppe bestimmt einen Gesandten, der zum Lehrer in die Mitte des Klassenzimmers geschickt wird. Der Rest der Klasse dreht sich um mit dem Gesicht zur Wand. Der Lehrer erklärt der Gesandtengruppe die Faltung eines einfachen Papierfliegers. Hier ist ein Hubschrauber

vorgeschlagen: Dieser ist genügend einfach, benötigt wenig Papier und ist außerdem nicht der bekannteste Fliegertypus.

In diesem Teil der Übung dürfen nur die Gesandten und der Lehrer sprechen. Der Rest ist still und überlegt sich, um was für einen Flieger es sich wohl handelt.

Mit Bildern ist es fast selbsterklärend. Sicherheitshalber aber noch eine Faltvorlage. Diese wird natürlich nicht an die Schüler ausgegeben. Dicke Linien werden geschnitten, gestrichelte geknickt.

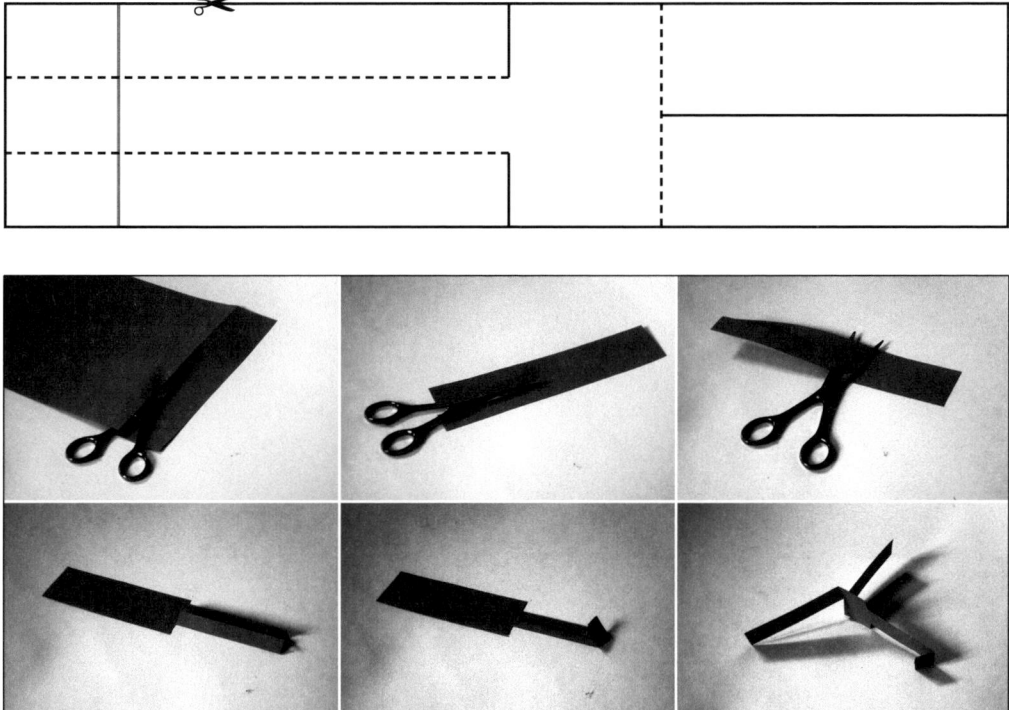

Nachdem alle Gesandten selbst einen Flieger hergestellt haben, gehen sie zu ihrer Gruppe zurück. Kein Gruppenmitglied hat Sichtkontakt zum Flieger oder zum Gesandten: Informationen dürfen nur akustisch weitergegeben werden.

Es gibt viele Varianten: Ob die Gruppe sich untereinander darüber austauschen darf, was der Gesandte gemeint hat oder ob dieser selbst sehen darf, was seine Gruppe fabriziert, bleibt dem Lehrer überlassen. Die Übung birgt die Gefahr einer hohen Lautstärke in sich. Die Geräuschkulisse wird erheblich reduziert, wenn jeder Gesandte nur zwanzig Anweisungen geben darf. Dabei darf jede Anleitung nur einmal gesprochen werden und dabei nicht länger als fünf Sekunden sein. (Ansonsten entstehen komplizierte Anweisungen in Schachtelsätzen, die nie aufhören.)

Konstruktion mit Zirkel und Lineal

Gebraucht werden Kreide und Schnüre für jede Gruppe. Vielleicht noch ein Meterstab und Kreppband – mehr ist gar nicht nötig um Geometrie im Großen zu betreiben.

Zuerst müssen Regeln festgelegt werden. Erlaubt sind folgende elementare Konstruktionen:

I. Die Länge eines Meters ist bekannt.
II. Um einen Punkt darf ein Kreis mit dem Radius r gezeichnet werden. Wird ein Radius von bestimmter Länge benötigt, muss diese bereits konstruiert worden sein.
III. Schnittpunkte zweier nicht identischer Kreisen, zweier verschiedener Geraden gelten als konstruiert. Ebenso Schnittpunkte zwischen Kreisen und Geraden.
IV. Bereits bekannte Längen dürfen abgetragen werden.

Kapitel 1 *Geometrie*

Das Halbieren von Strecken ist nicht erlaubt. Es ist naheliegend und für die Schüler verführerisch eine Schnur zwischen zwei Punkten zu spannen und diese dann zu halbieren – aber das ist keine Konstruktion nach den obigen Regeln.

Vorgestellt werden nun verschiedene Übungen. Dabei lösen die Schüler zuerst die Konstruktionsaufgabe in kleinen Gruppen, nach Möglichkeit im großem Maßstab auf dem Schulhof. Die Hausaufgabe besteht darin, dieselbe Konstruktion mit Zirkel und Lineal in einem unlinierten Heft alleine zu vollbringen und dabei den zugehörigen Konstruktionsplan aufzuschreiben. Das ist eine Lernzielkontrolle für den Schüler.

Von der Mittelsenkrechten zum Umkreis
Die Mittelsenkrechte
Die Schüler zeichnen zwei Punkte A und B auf den Schulhof und verbinden diese mit einer Schnur: Die Strecke $\overline{AB}$ ist entstanden. Aufgabe ist es eine Gerade nach den Regeln I bis IV zu konstruieren, welche die Strecke $\overline{AB}$ genau in der Mitte teilt. Alternativ kann zu

Kapitel 1 — Geometrie

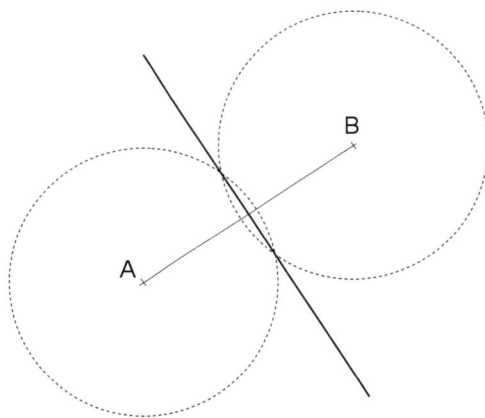

zwei Punkten A und B der Punkt konstruiert werden, der genau zwischen A und B liegt. Hier die Konstruktion (siehe links):
Ist eine Gruppe früher fertig, kann diese die *Konstruktion der Senkrechten zu einer Geraden g durch einen vorgegebenen Punkt P* angehen. Für den Umkreis wird diese Übung nicht benötigt.

Der Umkreis

Jede Kleingruppe (Farbgruppe) zeichnet einen großen Kreis in ihrer Farbe. Dabei merkt sie sich den Mittelpunkt, ohne diesen dabei zu markieren. In der Regel bietet der Asphalt genügend Anhaltspunkte von „Natur aus", beispielsweise eine kleine Vertiefung oder eine Verfärbung des Bodens.

Nachdem alle Kreise gezeichnet worden sind, tauschen die Gruppen die Plätze. Bestehen Farbgruppen (vgl. 7.1), so kann jede mit ihrer Komplementärfarbe wechseln. (Blaue Gruppe sucht bei Orange den Mittelpunkt, die Roten bei Grün und Gelb bei Violett.)

Kommen die Schüler auf keinen grünen Zweig, so ist das Einzeichnen der Sehne $\overline{AB}$ ein guter Tipp – damit ist das Problem auf die Konstruktion des Schnittpunktes zweier Mittelsenkrechten zurückgeführt. Vergleiche die Abbildungen unten.

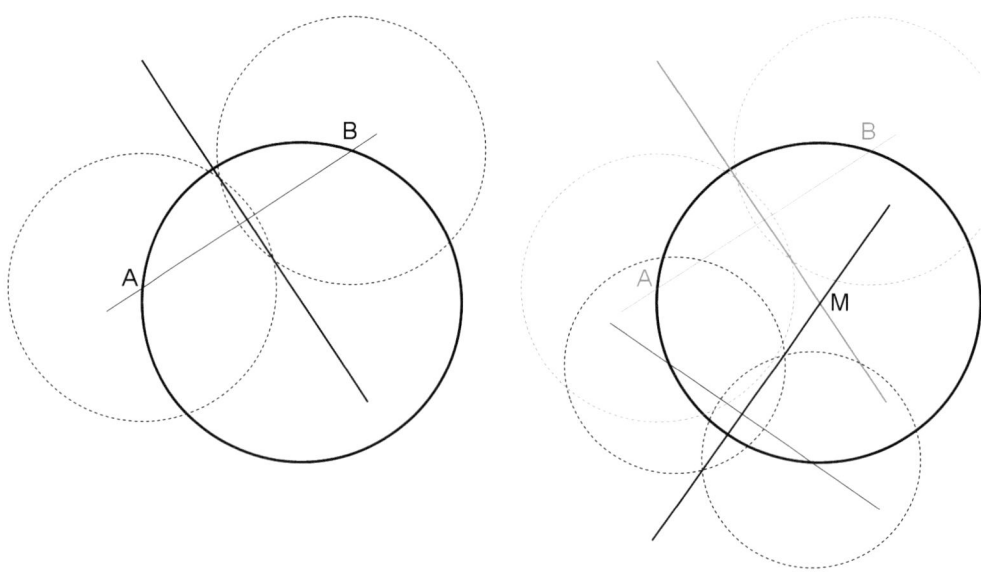

Die Konstruktion der Mittelsenkrechten ist demnach eine gute Vorübung, um den Mittelpunkt zu einem gegebenen Kreis zu konstruieren.

Arbeiten die Gruppen präzise, so lässt sich bei Radien von bis zu zwei Metern der Mittelpunkt mit einer Genauigkeit von 2-3 Millimetern finden. Das ist beeindruckend.

Eine Variante zu dieser Aufgabe:
Aufgabe eins:
Es soll ein Schwimmbad genau in der Mitte zweier Städte A und B gebaut werden (*Konstruktion der Mittelsenkrechten*).
Aufgabe zwei:
Ein weiteres Schwimmbad soll so zwischen drei Städte A, B und C gebaut werden, dass alle denselben Abstand haben (*Konstruktion des Umkreismittelpunktes*).
Aufgabe drei:
Ein letztes Schwimmbad soll zwischen vier Städte A, B, C und D gebaut werden, so dass wiederum alle denselben Abstand haben. (*Ein Kreis ist bereits durch drei Punkte vollständig beschrieben, es sind nur Fälle möglich, bei denen alle Punkte auf demselben Kreis liegen.*)

Eine zweite Variante:
Die Gruppen zeichnen keine ganzen Kreise auf, sondern nur Kreisbögen, beispielsweise 2/3 eines Kreises (siehe Abb. rechts). Nun lautet die Aufgabe, diesen angefangenen Kreis exakt fertig zu zeichnen. Hierzu muss natürlich wiederum erst der Mittelpunkt bestimmt werden.

Eine dritte Variante – Ton, Steine, Scherben:
Ein Archäologe findet eine Scherbe eines antiken Tellers und soll dessen ursprüngliche Größe herausfinden. Natürlich können Sie auch eine Kreisscheibe aufzeichnen und diese zerschneiden, eindrucksvoller ist es jedoch, wenn jede Gruppe eine echte Scherbe in der Hand hält. Und hierzu müssen eben ein oder zwei Teller zerschmissen werden. Das darf ruhig im Unterricht geschehen.
Die Aufgabe kann offen gestellt werden: Jede Gruppe darf sich *eine* Scherbe holen oder bekommt alternativ eine vom Lehrer. Damit alle Gruppen die vermeintlich gleiche Chance haben, können beispielsweise die einzelnen Scherben zuerst abgewogen werden. Natürlich hat dann eine Gruppe ohne Randstück überhaupt keine Chance. Und je größer das Randstück, desto genauer kann der Mittelpunkt

Kapitel 1 *Geometrie*

und somit der Radius bestimmt werden. Das finden die Schüler bei diesem Vorgehen jedoch selbst heraus. Neben dem „haptischen Element" kommt bei dieser Methode noch ein „emotionales" hinzu: Die gefühlte Ungerechtigkeit bei der scheinbar fairen Verteilung ist ungeheuer einprägsam. Natürlich wird mithilfe der Mathematik die Ungerechtigkeit aufgedeckt. Ein weiteres Beispiel hierzu findet sich in 3.1 (*Ungerechtigkeit mit Gummibärchen*).

Von der Winkelhalbierenden zum Inkreis
Die Schüler sollen den größten Kreis konstruieren, der in ein beliebig vorgegebenes Dreieck passt.
Der Unterricht verläuft ähnlich wie beim Umkreis. Die Konstruktion der Winkelhalbierenden ist hierbei die Vorübung zum Inkreis. Die Ausführung sei dem Leser überlassen.

Zur Didaktik:
Bei diesen „großen" Konstruktionen finden die Schüler eigenständig den „Satz vom Umkreis", ohne dass an dieser Stelle überhaupt von einer Herleitung oder von einem Beweis gesprochen wird. Die Konstruktionen finden in der Tat *„Schritt für Schritt"* statt. Ein Lernen also, bei dem der Schüler gar nicht merkt, dass er lernt.

Gerne kann der Lehrer nachfragen, warum der so konstruierte Punkt *der Mittelpunkt* ist, oder warum die Aufgabe, einen Punkt zu drei gegebenen Punkten A, B und C zu konstruieren, der zu allen die selbe Entfernung besitzt, der Konstruktion eines Kreismittelpunktes entspricht.

Aufgaben gibt es viele:
- Konstruktion zweier Parallelen mit einem Abstand von einem halben Meter.
- Winkelverdopplung
- Konstruktion eines Quadrates
- ...

1.4 Winkelsumme im Dreieck oder Parkettierungen

Der Unterricht besteht aus zwei Übungen. Zuerst wird eine Vermutung provoziert, die im Anschluss bewiesen oder widerlegt wird.

Übung I:
Im ersten Teil soll jede (Farb-)Gruppe das Dreieck mit einer möglichst großen Innenwinkelsumme finden. Es ist keinesfalls klar, dass die Summe stets 180° ist. Mitunter vermuten das die Gruppen. Dann besteht die Aufgabe im Beweis dieser Vermutung. Im Anschluss an

die Übung stellt jede Gruppe in zwei Sätzen ihr Ergebnis oder ihren momentanen Stand vor. Ohne Auflösung folgt die zweite Übung. Und wer damit fertig ist, überlegt sich, was diese Übung mit der ersten zu tun hat.

Übung II:
Gelingt es, mit einem Vieleck eine Ebene überlappungsfrei zu belegen, spricht man von einer Parkettierung. Mit Kreisen ist das natürlich nicht möglich, aber beispielsweise mit Vielecken dieser Art:

Jetzt ist die Frage, ob eine Parkettierung mit identischen, aber beliebigen Dreiecken möglich ist. Hierzu bekommt jede Gruppe einen Stapel identischer Dreiecke:

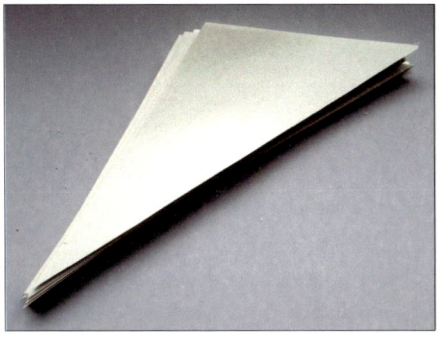

Zur Herstellung der Dreiecke benötigt man ca. 25 DIN-A4-Blätter, eine Papierschneidemaschine und drei Minuten.

Zuerst sollen die Schüler die Ecken (Winkel) der Dreiecke rot, grün und blau anmalen. Dabei erhalten gleiche Winkel die gleiche Farbe. Es kann auch zuerst gekachelt und dann gemalt werden.

Eine Parkettierung findet sich beispielsweise durch folgendes Rezept:

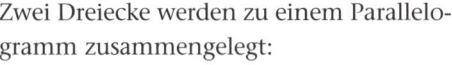

Zwei Dreiecke werden zu einem Parallelogramm zusammengelegt:

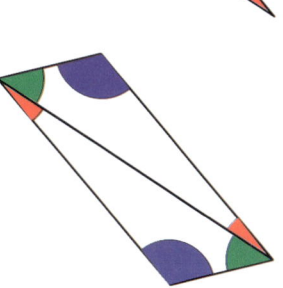

Solche Parallelogramme lassen sich zu einem unendlich langen Streifen zusammenfügen:

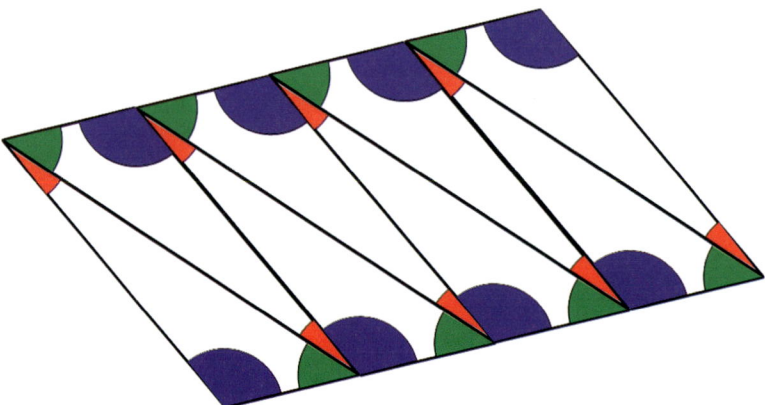

Und viele Streifen ergeben schließlich eine Parkettierung der Ebene:

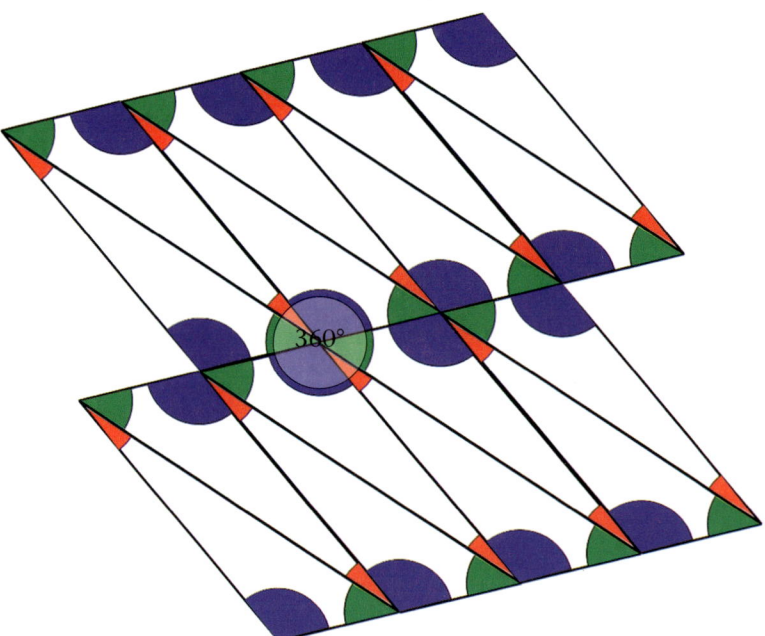

Zur Winkelsumme im Dreieck: Es stoßen im Inneren der Ebene stets sechs Dreiecke an einem Punkt zusammen. Dabei werden 360° (vgl. Skizze) auf die verschiedenfarbigen Winkel verteilt. Da jede Farbe (Winkel) genau zweimal vorkommt, muss die Innensumme der Winkel 180° ergeben.

Kapitel 1   *Geometrie*

Eine Alternative:
Es geht auch ohne *Parkettierung*: Jeder Schüler schneidet zuhause ein (großes) Dreieck aus. Im Unterricht werden die Ecken abgerissen und zu 180° aneinandergelegt.

Diese Alternative impliziert (im Gegensatz zum obigen Vorschlag) keinen Beweis, jedoch ist sie ein hübscher „Zaubertrick".

Winkelsumme in Vielecken
Innenwinkelsummen können von den Schülern in der darauffolgenden Stunde selbst gefunden werden: Aus Bleistiften

unterschiedlicher Größe wird ein Fünfeck gelegt. Untersucht werden soll, ob alle Fünfecke ebenfalls dieselbe Innenwinkelsumme besitzen.

Wenn man die Lösung der Teilung des Vieleckes in Dreiecke noch nie gesehen hat, ist die Aufgabe keinesfalls einfach. Die schnellen Schülergruppen können versuchen, eine Formel für n-Ecke zu finden und diese anschließend der Klasse erklären.

1.5 Der Satz des Thales

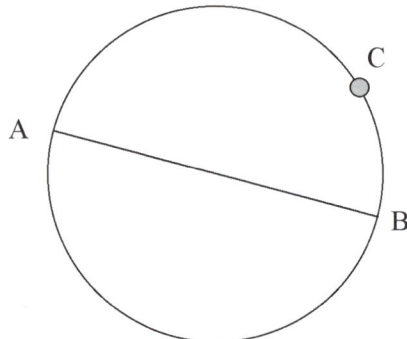

Der Satz des Thales lässt sich recht gut draußen erleben: Zunächst zeichnet jede Gruppe einen großen Kreis samt einem Durchmesser: Die Punkte A und B sind entstanden.

Jeder in der Gruppe sucht sich nun einen Punkt auf dem Kreis aus, beschriftet diesen mit dem ersten Buchstaben seines Namens und verbindet ihn mit den Punkten A und B, so dass ein Dreieck entsteht. Bei welchem Punkt ist der Winkel am weitesten?

Die Vermutung drängt sich auf, dass an jedem gewählten Punkt ein rechter Winkel entsteht. Wenn der Kreis einen Radius von ca. fünf Metern hat, kann man das die Schüler einfach nachempfinden lassen, indem man sie bittet sich auf den Kreis zu stellen. Dabei soll ein Fuß in Richtung A zeigen und der andere nach B gerichtet sein. Wenn die Fersen beieinander sind, ergibt sich bei jedem Schüler ein rechter Winkel. Zur Kontrolle werden im Uhrzeigersinn ein paar Schritte gegangen und von diesem neuen Standort aus wird der Winkel erneut überprüft.

Je nachdem, wie viel Zeit noch zur Verfügung steht, bietet sich für den Beweis eine Diskussion oder ein Lehrervortrag an. Hier eine übliche Beweisskizze.

Entscheidend ist die Strecke $\overline{MC}$, sie teilt das Dreieck ABC in zwei gleichschenklige Dreiecke. Wird der Winkel an A „α" genannt und der an B entsprechend „β", so findet sich an C der Winkel „α + β". Die Winkelsumme im Dreieck bestätigt die Vermutung:

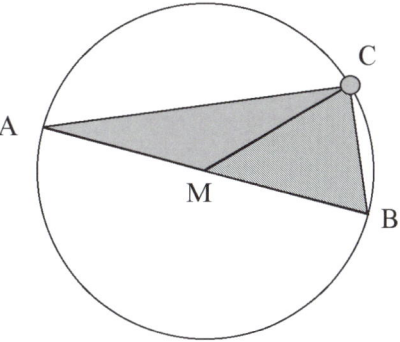

$$\alpha + \beta + (\alpha + \beta) = 180°$$
$$\alpha + \beta = 90°$$

Wenn der Unterricht auf dem Schulhof stattgefunden hat, besteht die Hausaufgabe aus der Rekonstruktion des Beweises. Diese Art von Hausaufgabe entspricht dem in der Einleitung dargestellten Konstruktivismus, der davon ausgeht, dass jeder Schüler sich seine eigene (mathematische) Welt selbst konstruieren muss, um *zu begreifen*. In der Folgestunde kann die Beweisidee mit dieser Aufgabe wieder aufgegriffen werden: Aus drei Streichhölzern soll ein rechter Winkel *konstruiert* werden. Die Lösung ist in der Abbildung angedeutet und beinhaltet die Idee der Zerlegung in gleichschenklige Dreiecke.

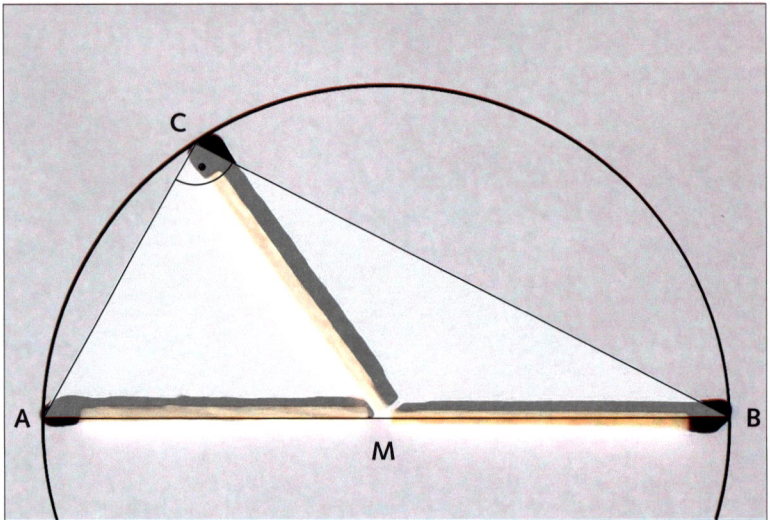

Die Streichholzköpfe markieren die Ecken eines Dreiecks. $\angle(BCA)$ ist der konstruierte rechte Winkel.

1.6 Streichhölzer

Streichhölzer sind ein vortreffliches Material: Preiswert und kompakt. Der Zündkopf definiert eine Richtung, so können die Hölzer auch als Pfeil eingesetzt werden. Und dazu gibt es noch eine Schachtel mit Schublade. In Kombination mit etwas Knetmasse kommen Sie – geometrisch gesehen – recht weit. Man kann Geometrie auf diese Weise einfach *begreifen*.
Aber auch außerhalb der Geometrie lassen sich diese ca. 4,3 cm langen Hölzer sehr gut einsetzen. Am besten kaufen Sie sich gleich einen ganzen Sack voll, zumal sich in fast jedem Kapitel dieses Buches Anwendungen dafür finden. Und wenn Sie den Schülern vor dem Austei-

| Kapitel 1 | Geometrie |

len klarmachen, dass Zündeln zum Ausschluss des Unterrichts führt, passiert auch nichts. Hier einige wenige Beispiele zur Geometrie.

Konstruktion eines regelmäßigen Sechsecks über Dreiecke:
Dass sich ein regelmäßiges Sechseck aus sechs gleichseitigen Dreiecken konstruieren lässt, ist vermutlich jedem klar, der es

einmal versucht hat. Interessant dabei ist, dass es ohne eine Konstruktion über regelmäßige Dreiecke ohne weitere Hilfsmittel nicht geht. Aktives Legen ist meist eindrücklicher als Zeichnen.

Man kann noch einen Schritt innerhalb der Parkettierung weitergehen: Eine ebene Fläche lässt sich lückenlos mit regelmäßigen Sechsecken überdecken (Bienenwaben).

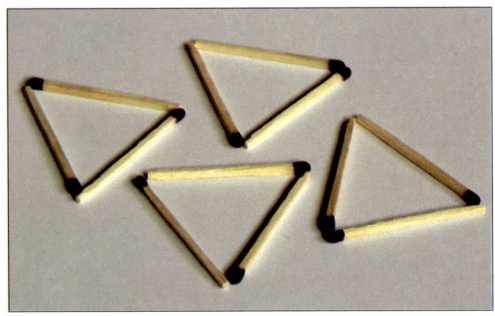

Vier Dreiecke und drei Aufgaben für den achtjährigen Uli Gundert:
Eine hübsche Knobelaufgabe, die einen gedanklichen Dimensionssprung zur Lösung benötigt:

Leichte Aufgabe: Aus zwölf Streichhölzern sollen vier gleichseitige Dreiecke gelegt werden.

Es gibt nur diese eine Lösung, wenn wirklich alle Hölzer Verwendung finden sollen.

Mittelschwere Aufgabe:
Drei Hölzer werden weggenommen und immer noch sollen vier gleichseitige Dreiecke gelegt werden.

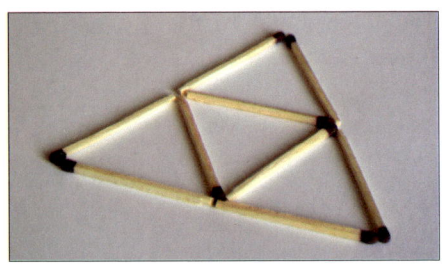 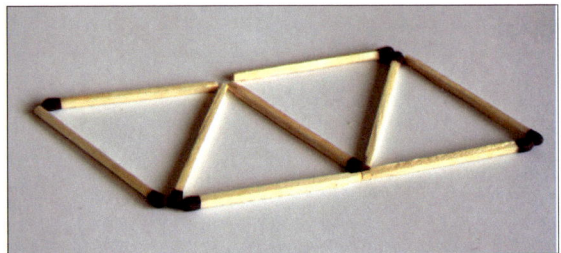

Hier gibt es mehrere Lösungen.

Interessante Aufgabe:
Erneut werden drei Hölzer weggenommen und aus den verbleibenden sechs sollen wieder vier gleichseitige Dreiecke entstehen.
Interessanterweise gibt es hier wieder nur eine Lösung.

1.7 Kongruenzsätze oder der Anruf vom Baumarkt

Optische Täuschungen:
Ob man's glaubt oder nicht: Alle drei Formen sind gleich. Man kann sie übereinander legen und die *Deckungsgleichheit* demonstrieren. Die Grundidee der Kongruenzsätze ist, ohne einen solchen direkten Vergleich, Aussagen über die Gleichheit der Formen zu machen. Formen sind *kongruent*, wenn man sie durch Spiegelung, Verschiebung oder Drehung aufeinander abbilden kann.

Die Geschichte: Ein Mann steht im Baumarkt vor dreieckigen Fliesen. Zu Hause wird gerade gekachelt und nun möchte er wissen, ob das die richtigen sind. Er möchte nicht extra nach Hause fahren, um die Deckungsgleichheit zu überprüfen, also greift er zum Telefon.

Einfache Übung:
Die Szene wird nachgestellt: Der Lehrer hat zwei auf den ersten Blick gleiche Dreiecke ausgeschnitten. Das eine kommt in den Baumarkt (Ecke bei der Tür) das andere liegt zu Hause (gegenüberliegende Zimmerecke). Die Schüler dürfen ein Geodreieck verwenden und sollen die Dreiecke auf Gleichheit oder Ungleichheit untersuchen.
Dieses Vorgehen zeigt die Grundidee der Kongruenzsätze auf: Zwei Dreiecke sind beispielsweise dann gleich, wenn alle drei Seiten gleich sind. Entsprechend lässt sich der Kongruenzsatz SSS formulieren. Das Neue ist: Mit der Bestimmung dreier Seiten ist schon das gesamte Dreieck mit allen Winkeln und seinem Flächeninhalt festgelegt.

Interessante Übung:
Bei der Fliese zu Hause ist eine Ecke abgebrochen. Lässt sich jetzt noch sagen, ob die beiden Dreiecke ursprünglich gleich waren?
Alternativ kann man auch bei beiden Dreiecken jeweils eine unterschiedliche Ecke abreißen. Jetzt sind zwei Seiten zerstört, aber noch immer zwei Winkel bekannt. Damit kann der Kongruenzsatz WSW entdeckt werden.

| Kapitel 1 | Geometrie |

1.8 Strahlensatz

Zentrische Streckung oder das Vergrößern von Bildern

In Tübingen, genauer auf dem Österberg, wurde 2003 „NO WAR" mit Menschen geschrieben, um gegen Krieg zu demonstrieren.
Die Buchstaben wurden riesengroß abgesteckt. Und sie standen exakt! Wie geht das? Kleine Buchstaben sind einfach hinzuschreiben, aber wie vergrößert man diese?

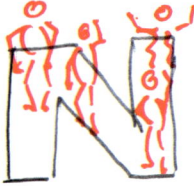 

Aufgabe 1:
Jede Gruppe benötigt
– einen Zollstock, ein Maßband oder einen Meterstab
– eine ca. 10 Meter lange Schnur
– genügend Kreide
– eine freie Fläche auf dem Schulhof
– einen Taschenrechner

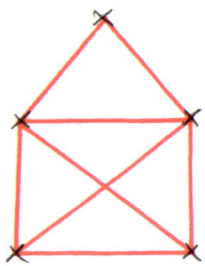

Jede Gruppe zeichnet eine ca. 30 cm x 30 cm große Figur, bestehend aus geraden Linien auf den Boden.
Diese Figur soll um einen von der Gruppe fest gewählten Faktor k (zwischen 3 und 7) vergrößert werden. Der (Streck-)Faktor wird neben die Figur geschrieben. Gesucht ist das um den Faktor k vergrößerte und winkeltreue Bild. Es darf kein zusätzliches Material (Geodreieck) verwendet werden.
In der Regel finden die Schüler verschiedene Wege, die Aufgabe zu lösen. Manche zerlegen die Figur in einzelne Dreiecke und setzen die Schnur als Zirkel ein. Die Idee ist gut, führt aber leider nicht auf den Strahlensatz. Fordert man zusätzlich, dass das Bild nicht „verdreht" ist,

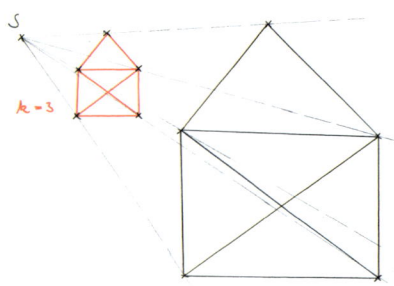

also dass alle Bildstrecken parallel zu den ursprünglichen verlaufen, wird diese Lösung ausgeschlossen.
Natürlich kann man den Schülern einen Tipp geben. Es ist schon schwer genug, wenn der Lehrer ein Beispiel vorführt und die Gruppen ein eigenes nachmachen sollen.
Um den ersten Strahlensatz formulieren zu können, benötigt man noch die Tatsache, dass bei einer zentrischen Streckung Geraden in Geraden übergehen.

Geraden werden zu Geraden
Die Schüler verbinden in der obigen Aufgabe die abgebildeten Punkte geradlinig. Selbstverständlich ist das nicht. Warum verbiegt sich die Bildgerade nicht bei der Abbildung? Und falls wieder eine Gerade herauskommen sollte, liegt diese parallel, senkrecht oder irgendwie schief zu der ursprünglichen?

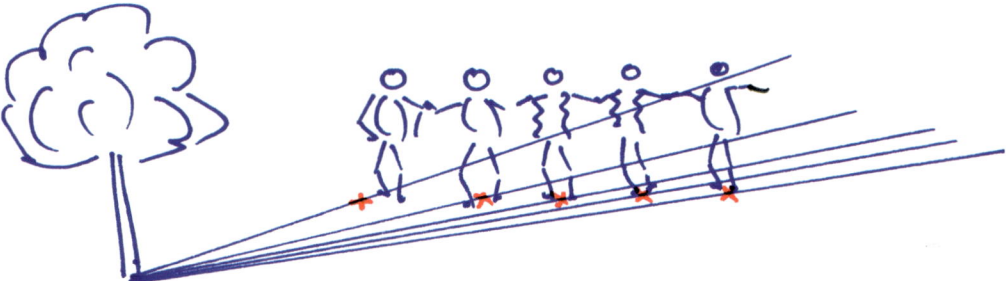

Umsetzung:
Die Schüler stellen sich in der Nähe eines Baumes, einer Straßenlaterne oder eines Fahnenmasten entlang einer Geraden auf. Gesprochen wird nicht. Die Köpfe (Punkte) sollen exakt auf einer Geraden liegen. Der Standort wird mit einem Kreuz markiert. Jetzt wird der Steckfaktor (zum Beispiel $k = 3$) festgelegt. Nun soll jeder Schüler zu seinem Bildpunkt gehen. In diesem Beispiel muss er den Abstand zum Baum verdreifachen und dabei so peilen, dass sein neuer Standort, sein markiertes Kreuz und der Baum in einer Linie liegen. Auf diese Art wird der Satz durchlebt:
Parallele Geraden gehen in parallele Geraden über.

Der erste Strahlensatz oder die Höhe aus dem Schatten
Aus der Schattenlänge eines Baumes kann auf die Höhe des Baumes selbst geschlossen werden. Hierzu wird zuerst ein Stab senkrecht in die Erde gesteckt und dessen Schatten mit seiner Länge verglichen. Die Ausführung sei dem Leser überlassen. Interessanter ist die Aufgabe, wenn keine Sonne scheint.

Der zweite Strahlensatz oder die Höhe eines Baumes
Es soll die Höhe eines Baumes, einer Straßenlaterne oder des Schulhauses bestimmt werden. Jede Gruppe sucht sich selbst ihr Objekt aus.

Jede Gruppe erhält:
- einen Zollstock, ein Maßband oder einen Meterstab
- Kreide
- ein paar Meter Schnur
- einen Taschenrechner

Bei dieser Fragestellung erarbeiten sich die Schüler selbst den zweiten Strahlensatz. Ist nur wenig Zeit, so kann man Tipps geben oder die gesamte Lösung an einem anderen Baum durchsprechen. Dieses Vorgehen ist „verschulter", als wenn die Schüler selbst nach einer Lösungsstrategie suchen, spart aber Zeit.

Eine mögliche Lösung:

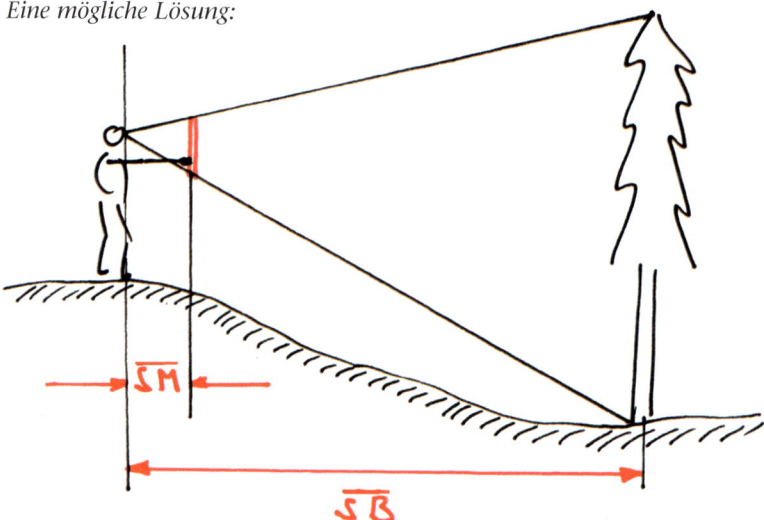

Mit ausgestrecktem Arm ist der Meterstab so zu halten, dass er genau den Baum verdeckt. Dabei ist der Abstand zum Baum entsprechend zu verändern. Das Auge stellt das Streckzentrum dar, der Baum und der Meterstab die zwei Parallelen. Zu messen sind die Längen $\overline{SM}$, $\overline{SB}$ und gegebenenfalls die Länge *l* des Stabes (sollte es kein Meterstab sein). Ist *h* die Höhe des Baumes, so gilt:

$$\frac{h}{l} = \frac{\overline{SB}}{\overline{SM}} \text{ bzw. } h = \frac{\overline{SB}}{\overline{SM}} \cdot l$$

Die typischen Fehlerquellen lassen sich am Beispiel gut diskutieren:
1. Der Meterstab wird nicht exakt parallel zum Baum gehalten.
2. Statt der Strecke Auge – Baum ($\overline{SB}$) wird häufig die Strecke Meterstab – Baum ($\overline{MB}$) gemessen.

Bemerkung: Streng genommen benötigt die gezeigte Lösung den ersten und den zweiten Strahlensatz, da die Längen $\overline{SM}$ und $\overline{SB}$ keine Abschnitte der Strahlen bezeichnen.

Weitere Lösungen:

Scheint die Sonne, so kann der Meterstab senkrecht auf den Boden gestellt werden und seine Schattenlänge bestimmt werden. Die Länge des Baumschattens kann ebenfalls einfach bestimmt werden (wenn dieser auf einer ebenen Fläche steht). Auch in diesem Fall ergibt sich der zweite Strahlensatz.

Eine Lösung, die nicht auf den zweiten Strahlensatz führt, ist das Kippen des Meterstabes: Der Schüler hält dabei den Meterstab wie in der ersten Lösung so, dass dieser gerade den Baum verdeckt. Dann dreht er diesen um 90° und verlagert das Problem der Längenbestimmung des Baumes in die Horizontale. Die Idee ist gut. Sehr gut. Und auch mathematisch. Sollen die Schüler allerdings den Strahlensatz lernen, müssen sie nach einer weiteren Lösung suchen.

Fläche im Spiegel (Lippenstiftzeichnung)

Wie groß muss ein Spiegel mindestens sein, damit man sich von Kopf bis Fuß darin spiegeln kann? Wie hängt die Größe von der Entfernung ab?

Wenn man die Antwort zum ersten Mal hört, ist man vermutlich verwundert: Man benötigt einen Spiegel mit der Länge der halben Körpergröße, *unabhängig* von der Entfernung.

Hier das passende Experiment, welches mit einem kleineren Spiegel auskommt:

Ein Auge wird geschlossen. Unter Beibehaltung der Kopfhaltung wird der Umriss des eigenen Kopfes auf der Spiegeloberfläche nachgezeichnet.

Es eignen sich zum Beispiel die leicht abwaschbaren „Boardmarker", als Hausaufgabe eignen sich auch Lippenstifte und die gibt es quasi in jedem Haushalt.

Das Ergebnis: Egal in welcher Entfernung man in den Spiegel schaut, das Gesicht ist exakt vom Lippenstift eingerahmt.

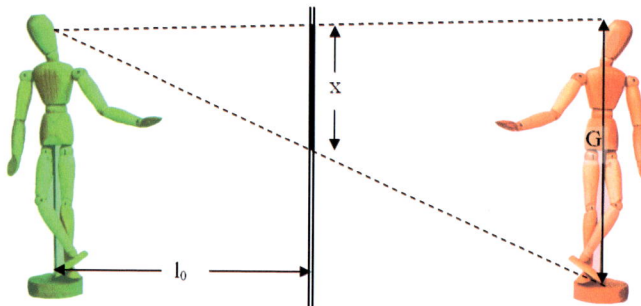

Erklärung:
Das Original ist in grün dargestellt, das Abbild in rot. Beträgt die Entfernung Person – Spiegel l_0, so ist der Abstand Person – Spiegelbild $2 \cdot l_0$. Die Körpergröße sei mit G bezeichnet, die benötigte Spiegellänge mit x.

Nach dem 2.ten Strahlensatz gilt:

$$\frac{l_0}{2 \cdot l_0} = \frac{x}{G} \text{ bzw. } x = \frac{l_0}{2 \cdot l_0} \cdot G = \frac{1}{2} \cdot G.$$

Interessant ist auch die flächenmäßige Veränderung. Da sowohl horizontal wie auch vertikal der Spiegel nur halb so groß sein muss wie die Person lang bzw. breit ist, wird nur ein Viertel der Körperfläche benötigt.

Geometrie im Raum

1.9 Knete und Streichhölzer

Eigenschaften von Körpern und räumliches Vorstellungsvermögen lassen sich viel besser fassen, wenn man Modelle baut. Um ein Beispiel zu geben oder um sich einzufühlen: Wahrscheinlich haben Sie eine gewisse Vorstellung von platonischen Körpern. Der Ikosaeder ist ein Zwanzigflächner und seine Oberfläche besteht aus gleichseitigen Dreiecken. Aber wussten Sie, dass sich dieser Körper aus lauter Tetraedern zusammenbauen lässt?

Wenn man Körper aus gleichseitigen Vielecken zusammenbauen möchte, so stellt man bald fest, dass man nur mit Dreiecken, Vierecken und Fünfecken in den Raum kommt. Es ist eine weitreichende Erkenntnis, dass man mit regelmäßigen Sechsecken keinen Raum umschließen kann (Bienenwaben). Eine Reihe von Pyramiden, deren Grundfläche jeweils aus drei, vier und fünf Seiten besteht, verdeutlicht die Tatsache:

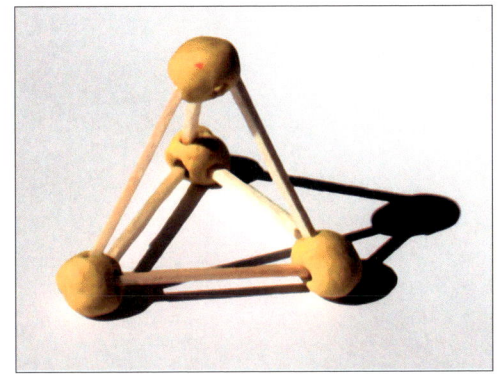

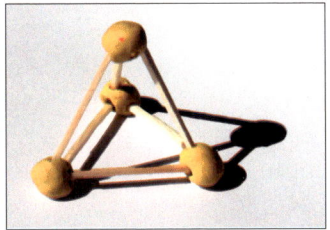

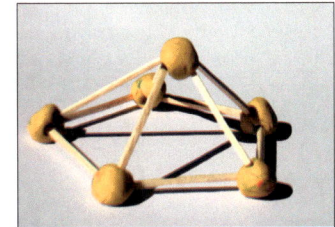

Einsatzmöglichkeiten dieser Streichholzkonstruktionen gibt es genug: Bestimmung der Höhe, der Oberfläche oder der Anzahl der Ecken und Kanten. Oder Sie geben die Aufgabe, einen Körper mit zwölf Seiten, sechs Ecken und acht Flächen zu bauen.

Alternativ kann die Aufgabe umformuliert werden:

In einen Würfel soll ein Körper eingeschrieben werden. Genauer: Die Mitten der Seitenflächen eines Würfels stellen die Eckpunkte eines neuen Körpers dar.

Diese Art, nach dem Oktaeder zu fragen, weist auf die duale Eigenschaft platonischer Körper hin. Es ist kein Zufall, dass der Würfel zwölf Ecken, sechs Flächen und acht Kanten hat; der Oktaeder in der dualen Entsprechung zwölf Seiten, sechs Ecken und acht Flächen. Jeder der fünf platonischen Körper besitzt einen dualen Körper: Würfel und Oktaeder, Dodekaeder und Ikosaeder; der Tetraeder ist zu sich selbst dual.

1.10 Senkrechte Parallelprojektion (Zweitafelprojektion)

Aufriss
Röntgen mit dem Tageslichtprojektor.
Ein Freiwilliger stellt sich auf einen Stuhl direkt vor der Tafel. Der Schüler wird mit dem Tageslichtprojektor aus möglichst großer („unendlicher") Entfernung bestrahlt. Das Röntgenbild wird auf die Tafel (Photoplatte) gezeichnet. Innere Organe, z. B. das Herz, werden gestrichelt gezeichnet.

Grundriss
Die Projektionen können auf der Straße fortgeführt werden: Ein Schüler der Gruppe legt, stellt oder setzt sich auf den Boden. Sein Schattenwurf (Projektion von oben) wird mit Kreide aufgezeichnet. Anschließend erraten die anderen Gruppen die Haltung des projizierten Schülers.

Nachlegen von Grundrissen
Wer eine Straßenkarte liest, betreibt – auch wenn er sich dessen nicht bewusst ist – Mathematik. Versucht man den Grundriss eines Hauses mit Streichhölzern nachzulegen, so gibt man sich Abstraktionen hin.

Virtuell geht man beim Legen durch die Gänge und biegt in einem gedanklichen Raum nach links und rechts. Das Nachlegen von Grundrissen ist eine Übung für räumliches Vorstellungsvermögen.

Falls möglich können Sie den Grundriss der Schule zum Schluss austeilen.

Alternativ kann eine Straßenkarte angelegt werden, vielleicht ein Ausschnitt, der den Weg zum nächsten Bäcker zeigt.

1.11 Satz des Pythagoras und die Raumdiagonale des Klassenzimmers

Entlang der Raumdiagonale wird durch das Klassenzimmer von Ecke zu Ecke eine Schnur gespannt.

Jede (Farb-)Gruppe hat die Aufgabe, die Länge der Raumdiagonalen zu bestimmen, ohne dabei direkt zu messen. Ausreichend viele Zollstöcke liegen bereit. Alternativ kann auch mit Schülermitteln (Geodreiecken, Lineale) und Schnüren gearbeitet werden.

Nach zehn Minuten schreibt jede Gruppe einen Wert an die Tafel. Anschließend wird die Schnur abgemessen.

Es geht um die Herleitung der Raumdiagonalen. Hat eine Gruppe die richtige Länge gefunden, hat sie quasi die Formel schon abgeleitet. Meist wird erst die Länge der Bodendiagonalen berechnet und mit deren Hilfe die der Raumdiagonalen.

1.12 Drei Pyramiden in einer Kartoffel

Das Volumen einer Pyramide berechnet sich zu $V = \frac{1}{3} \cdot G \cdot h$, wobei G die Grundfläche und h die Höhe bezeichnet. Die Herleitung für beliebige Pyramiden ist etwas knifflig, jedoch kann der Faktor $\frac{1}{3}$ recht gut in einem Spezialfall erfahren werden.

Die Herausforderung eignet sich gut als Hausaufgabe: Aus einem Kartoffelwürfel sollen drei gleiche Pyramiden geschnitten werden.

Hier die Lösung: Da *drei* Pyramiden einen Würfel ergeben, muss eine genau ein *Drittel* des Würfelvolumens besitzen.

Ein guter Tipp ist die Raumdiagonale des Würfels. Auch diese Bilder helfen:

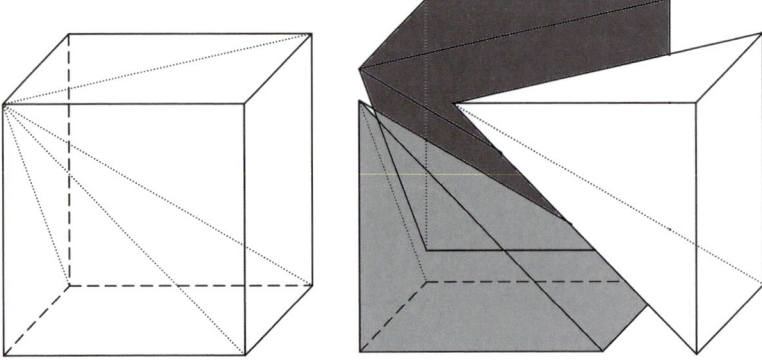

1.13 Kegeloberfläche oder der Bau eines Kegels

Die Schüler sollen die Formel für die Oberfläche selbst finden. Als fachliche Voraussetzung benötigen sie die Formeln für Kreisausschnitte und Kreisteile. Jede Gruppe erhält *ein* Papier unterschiedlicher Farbe im DIN-A4-Format und eine Schere. Eine Rolle Tesafilm sollte für alle Gruppen zugänglich sein.

Die Aufgabe hört sich im ersten Moment fast banal an: Ein Kegel (Mantel genügt) mit einem Radius (der Grundfläche) r = 6 cm und der Höhe h = 7 cm soll in 15 Minuten gebastelt werden. Danach werden alle Kegel ausgestellt.

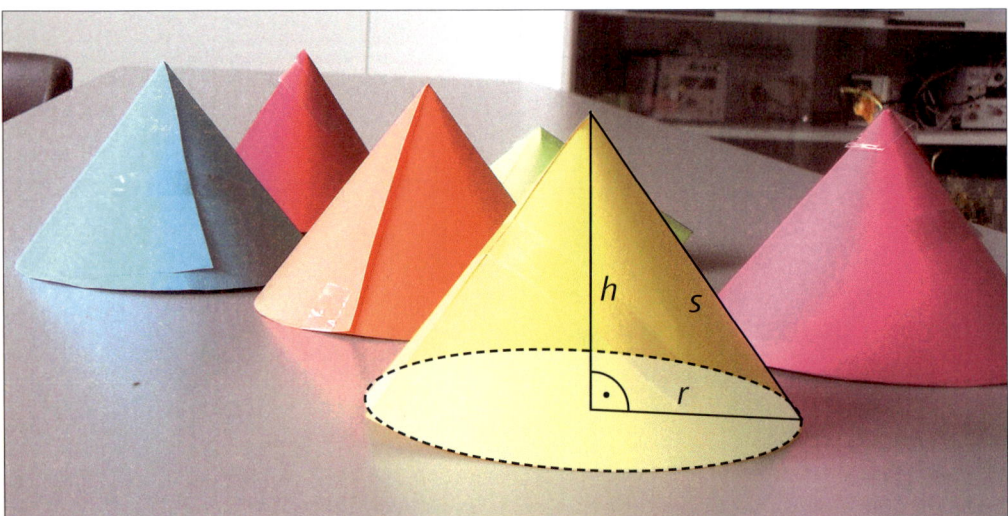

Kapitel 1 *Geometrie*

Weiterführender Arbeitsauftrag: Die Gruppe soll die Oberfläche des Kegels so genau wie möglich bestimmen und auf ihren Kegel schreiben.
(Vgl. auch Abschnitt 7.2 über *Gruppenranking*)

Eine mögliche Lösung:
Es gilt für die Mantellinie s (vergleiche vorderen Kegel in der obigen Abbildung):
$s^2 = h^2 + r^2 = 7^2 + 6^2$
$s \approx 9{,}21$

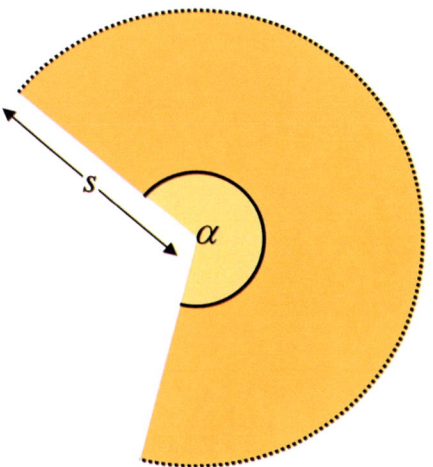

Zuerst ist ein Kreis mit dem Radius $s = 9{,}21$ cm zu zeichnen. Als nächstes ist der Winkel α des Kreisausschnittes zu berechnen:
Für die Bogenlänge des Kreisausschnitts (gepunktete Linie) gilt:
$b = \dfrac{\alpha}{360°} \cdot 2\pi\, s$. Nach dem Winkel α aufgelöst:
$\alpha = \dfrac{360° b}{2\pi\, s}$.

b ist andererseits gleich dem Umfang der Grundfläche (vergleiche erste Abbildung) $b = 2\pi\, r$. Eingesetzt ergibt sich:
$\alpha = \dfrac{360°(2\pi\, r)}{2\pi\, s} \approx 234{,}2°$.

1.14 Bau von Dächern

Natürlich ist es einfach ein Zeltdach zu basteln. Interessant wird die Sache erst, wenn man ein Modell im richtigen Maßstab entwerfen soll und nicht alle erforderlichen Angaben direkt gegeben sind. Hier ein Beispiel:

Aufgabe: Ein Zeltdach hat die Form einer senkrechten Pyramide mit folgenden Abmessungen:
$h = 8$ m, $G = a \cdot b = 8$ m $\cdot$ 12 m
Gesucht ist ein Modell des Daches im Maßstab 1 : 200 (0,5 cm entsprechen 1 m).
Damit man das Netz der Pyramide zeichnen kann, benötigt man die Höhe eines Dreiecks oder

die Länge der Seitenkante *s* und einen Zirkel. Wie dem auch sei: Der Satz des Pythagoras hilft bei der Zeichnung des Netzes:

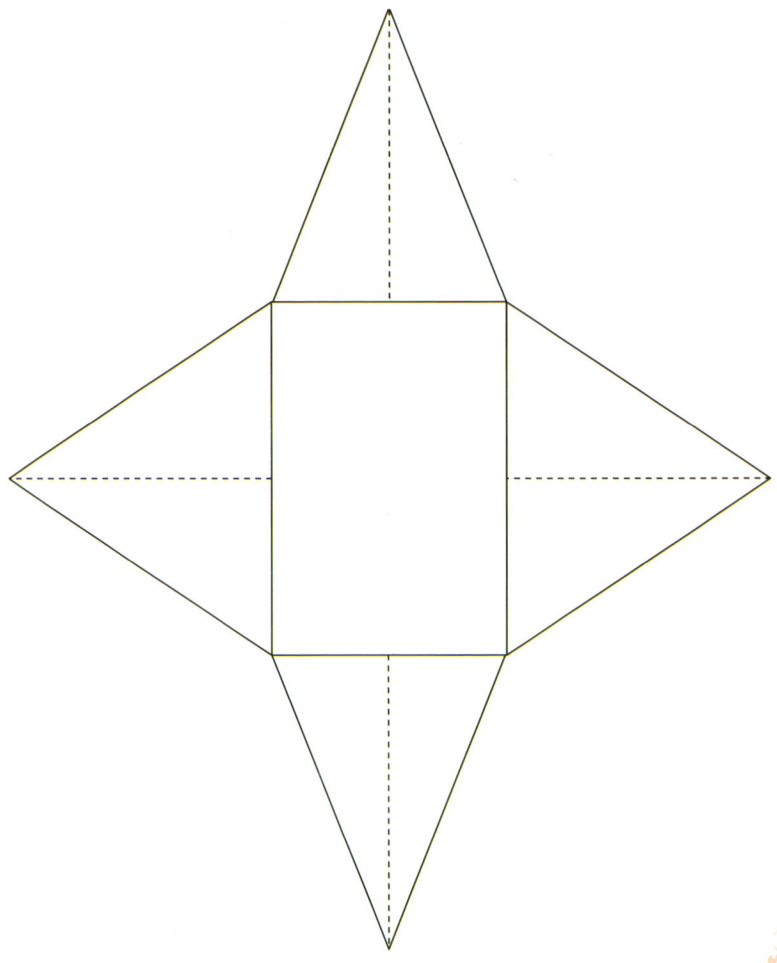

1.15 Trigonometrie

Herstellung eines Sextanten

Mit einem Geodreieck, Schnur, Kreppband und einem Gewicht lässt sich ein einfacher Sextant herstellen. Dessen Genauigkeit liegt bei ca. einem halben Grad. Bitte beachten und thematisieren Sie mit Ihren Schülern die Gefahr für das Auge bei unsachgemäßem Umgang. Hier kann das Anrempeln während der Messung zum Verlust des Augenlichtes führen.

Kapitel 1 — Geometrie

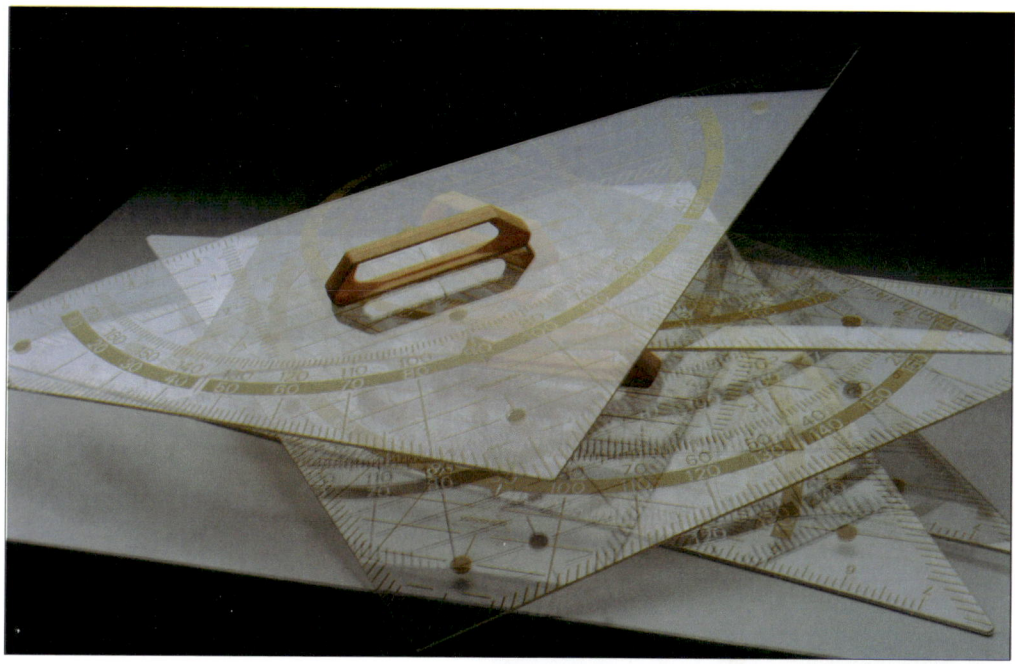

Natürlich geht es auch mit kleinen Geodreiecken, aber größer ist einfach besser. Wenn Sie also die Möglichkeit einer An- bzw. Ausleihe bei Ihren Kollegen haben, brauchen Sie nur noch einen oder zwei Schüler als Träger.

Die Schnur sollte nur auf einer Seite des Geodreiecks befestigt sein, damit diese frei schwingen kann (vgl. Abb.). Der häufigste Fehler liegt in der Herstellung: Die Schnur wird oft nicht am Rand befestigt.

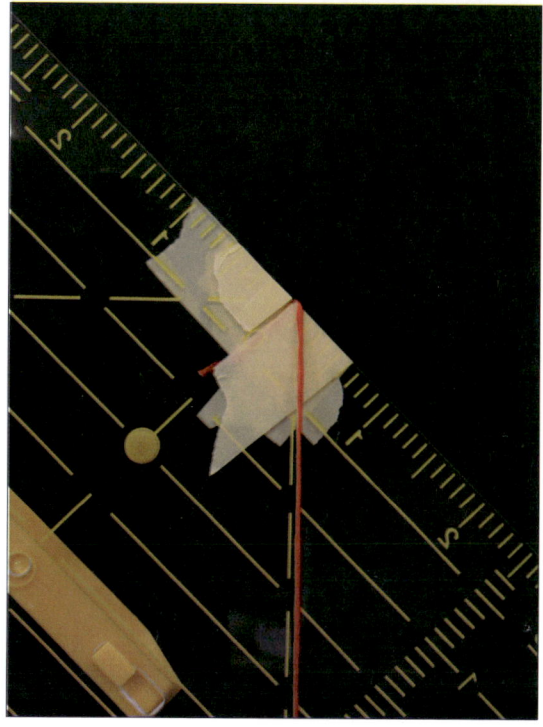

Bei der Winkelmessung (Peilung) mit dem Sextanten ist Vorsicht geboten: Die Kante des Dreiecks wird in Augennähe gehalten. Um das Auge zusätzlich zu schützen, sollte eine Hand direkt an der Kante gehalten werden.

Höhe des Klassenzimmers oder die Höhe eines Baumes
Die Schüler sollen die Höhe eines Baumes mithilfe eines Sextanten bestimmen. Je nach Stärke der Klasse, kann man keine oder wenige Tipps geben, aber es geht auch nicht viel an Spannung verloren, wenn zuerst alles an der Tafel vom Lehrer erklärt wird. Konkret zu messen, bedeutet immer noch einen weiteren Schritt.

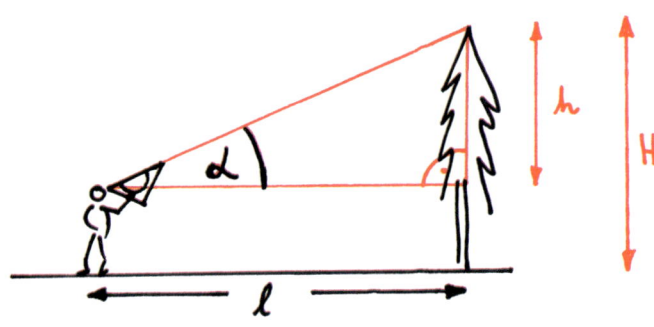

Der Abstand (*l*) zum Baum, der Sichtwinkel (α) und die Augenhöhe (ca. 1,7 Meter) können bestimmt werden. Es gilt:

$\tan \alpha = \dfrac{h}{l}$

$h = l \cdot \tan \alpha.$

Damit gilt für die Höhe des Baumes: $H = h + 1{,}7$ m.
Alternativ kann bei Regenwetter die Höhe des Klassenzimmers vermessen werden. Wesentlich interessanter ist die folgende

Höhenbestimmung eines Berges
Bei der obigen Aufgabe konnte man direkt die Entfernung zum Baum oder zur Wand im Klassenzimmer messen. Hier müsste man schon vom Gipfelkreuz senkrecht runter und ebenso waagrecht einen Tunnel graben:

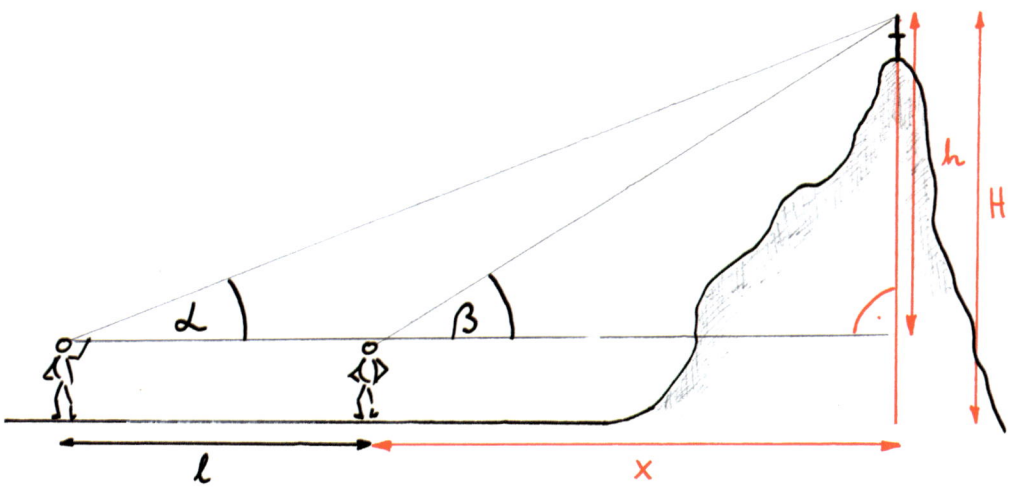

Auch hier kann die Aufgabe je nach Stärke der Klasse völlig offen gestellt werden oder es können einige Tipps gegeben werden. Meist reicht die Idee der Messung *zweier* Winkel. Hier wird davon ausgegangen, dass der Sinussatz noch nicht bekannt ist.
Die Umsetzung ist analog zur „*Höhenbestimmung eines Baumes*". Hier vielleicht nicht die eleganteste, aber dafür eine recht häufige von Schülern gefundene Lösung:
Gemessen werden die beiden Winkel α und β sowie die Laufstrecke *l*. Die Augenhöhe betrage 1,7 Meter.

Es gilt:
$\tan \alpha = \dfrac{h}{l+x}$ bzw. $(l+x) \cdot \tan \alpha = h$

$\tan \beta = \dfrac{h}{x}$ bzw. $x \cdot \tan \beta = h$. Gleichsetzen liefert:

$$h = h$$
$$(l+x) \cdot \tan \alpha = x \cdot \tan \beta$$
$$l \cdot \tan \alpha + x \cdot \tan \alpha = x \cdot \tan \beta$$
$$l \cdot \tan \alpha = x \cdot \tan \beta - x \cdot \tan \alpha$$
$$l \cdot \tan \alpha = x \cdot (\tan \beta - \tan \alpha)$$
$$\dfrac{l \cdot \tan \alpha}{\tan \beta - \tan \alpha} = x$$

Mit Hilfe von x kann aus der ersten oder zweiten Gleichung h bestimmt werden. Wieder muss zum Schluss der Augenhöhe Rechnung getragen werden: $H = h + 1{,}7$ m.

Alternativen und Erweiterungen:
Falls kein Berg vorhanden ist, kann beispielsweise ein fiktives radioaktives Präparat einen Aufenthalt in Baumnähe verbieten. Dieser Bannkreis kann durch ein Seil markiert werden. Ebenso kann die Höhe eines Kirchturms bestimmt werden oder die Höhe eines Hauses, ohne dabei das fremde Grundstück zu betreten. Bei Regenwetter

Kapitel 1 *Geometrie*

kann die Höhe eines Objektes (Baum) außerhalb des Klassenzimmers, ohne es zu verlassen, bestimmt werden. In beiden Fällen ist eine direkte Abstandsmessung vermieden.

Sinnvoll ist die Einteilung in Gruppen. Die Rechnung kann auf den Weg geschrieben und danach abgelaufen werden. Vergleiche hierzu auch 6.4 „Schritt für Schritt: Lösungen abschreiten".

Offene Fragen wie diese ermöglichen ein differenziertes Lernen. So können weiterführende Fragen beantwortet werden:

Wie genau ist diese Messung?

Wie sollten die Messwerte ungefähr gewählt werden, damit gute Ergebnisse erzielt werden?

Wie ist vorzugehen, wenn die Laufstrecke nicht waagrecht verläuft?

Teil I
Mathematische Inhalte

Kapitel 2
Algebraische Umformungen – Arithmetik

Kapitel 2 Algebraische Umformungen – Arithmetik

2.1 Mathematik ist eine Sprache: Rechengesetze als Grammatik

Makrina kam einmal nach einer Mathestunde zu mir, zeichnete etwas an die Tafel und fragte mich: „Wissen Sie was das heißt?" Ich wusste es nicht, schaute von allen Seiten darauf und vermutete schließlich, dass ich so etwas schon einmal gesehen hätte. Vielleicht Sanskrit, eine alte indische Schrift.

„Es ist chinesisch. Und genauso sieht für mich ihr Tafelanschrieb aus." Später habe ich erfahren, dass es nicht einmal chinesisch war! Ich muss heute noch darüber lachen: Da habe ich mir doch alle Mühe damit gegeben, dass *alle* meine Schüler dieses, nennen wir es einmal *mathematisches Denken*, verstehen.

Schüler sind die besten Lehrer. Makrina hatte Recht: Die Tafel war fein säuberlich beschrieben, sogar mit Farben wurden Zusammenhänge unterstützt – aber von all dieser Ästhetik abgesehen, bleiben nur noch abstrakte Zeichen. Ein Schüler, der nicht die Idee hinter diesen Symbolen erkennt und versteht, mag davon verängstigt werden. Es ist, als ob Sie ein chinesisches Buch aufschlagen und dann vom Vortragenden gefragt werden: „Gibt es noch Fragen?"

Ich brauchte über ein Jahr um die Tragweite der Worte meiner Lehrerin Makrina zu verstehen: *Mathematik ist eine Sprache*. Ziffern sind Buchstaben, Wörter stellen Zahlen dar. Zwar ist der Wortschatz unendlich groß, dafür sehr, sehr einfach zu lernen: Hier drei „Worte": 876; 9876; 23.

In höheren Klassen kommen vielleicht noch „versteckte Worte" hinzu, man spricht von Variablen: *x, y, z, a, b, ...* aber damit hat man dann auch so ziemlich den gesamten Wortschatz parat!

Sprache ist mehr als eine willkürliche Aneinanderreihung von Wörtern. *„Wörtern eine von ist mehr Aneinanderreihung Sprache willkürliche als."* Damit sich ein *Sinn* ergibt, müssen Worte auf eine bestimmte Art und Weise zusammengefügt werden: Die Grammatik erst ermöglicht Sprache und damit Kommunikation überhaupt. Betrachten wir die Grammatikregeln der deutschen Sprache, so muss man sehr viel können, um nur den Aufbau eines Satzes zu verstehen. Es gibt zig Regeln und zig Ausnahmen und zig Unklarheiten und zig Doppeldeutigkeiten. Kurz: Die deutsche Sprache ist kompliziert – auch wenn sie zugleich etwas Wunderbares ist, denn nur durch sie können wir unser Empfinden in der Welt beschreiben, kommunizieren und letzten Endes *verstehen*.

Die Sprache der Mathematik ist einfacher: Es gibt nur wenig Grammatik. Keine Ausnahmen, keine Doppeldeutigkeiten und keine Unklarheiten – schon mit wenigen Regeln lässt sich ein mathematischer Text entschlüsseln.

2.2 Mathematik als Schachspiel

Das Auflösen von Gleichungen ist schwer! Immerhin bedarf es ganzer Algebrasysteme damit ein Computer Gleichungen vereinfachen kann. Wie vereinfacht man beispielsweise diese Gleichung?

$$\frac{(3a^5b^{-2})^3}{(27a^{-1}b^3)^{-1}} = 1$$

Für den Kenner ist es einfach. Er „spürt" irgendwie, mit welchem Schritt er beginnen muss, um sein Ziel zu erreichen.
Doch vergessen wir für einen Moment das Auflösen von Gleichungen.

Spielen Sie Schach? Es ist ein Strategiespiel. Die Regeln sind einfach, sehr einfach. Jedes Kind kennt nach kurzer Zeit die Regeln und weiss, wie die Figuren zu ziehen sind, und kann also in diesem Sinne gleich Schach *spielen*. Nun reicht es allerdings nicht, die Regeln zu kennen, um ein Spiel zu gewinnen, man benötigt eine Lösungsstrategie, man muss planen.
Wie plant man nun bei einem Schachspiel? Erst diesen Zug, dann diesen, dann jenen und dann ... dann ist irgendwann Schluss mit

dem Vorausdenken. Das ganze Spiel bei jedem Zug zu durchdenken ist – zumindest für einen Menschen – unmöglich. Aber das Ziel lautet im Schach ja lediglich: „Setze den Gegner matt" und nicht etwa konkret: „Springer weiß auf B5 und damit Schachmatt." Das ist interessant: Wir wissen zu Beginn nicht, wie das Spiel endet – selbst wenn wir im Vorteil sind und mit Sicherheit sagen können, dass wir gewinnen – wir kennen nicht das *wie*. Es gibt eben sehr, sehr viele Wege.

Wie plant man nun bei einem Schachspiel? Sicherlich gibt es Züge, die mehr Sinn machen als andere. So versucht man, eine Figur in eine Position zu bringen, in der sie viele Zugmöglichkeiten hat. Ein Springer am Rand bringt meist nichts. „Springer am Rand, Gefahr gebannt!" Mit einem Bauer weiter ins gegnerische Gebiet einzudringen, bringt häufig einen Stellungsvorteil.

Versuchen wir uns in die Situation eines Schülers zu versetzen, der Probleme damit hat, Gleichungen zu lösen. Es ist wie bei einem Schachspiel schwer zu erkennen, warum der Profi jenen, aber nicht diesen Zug gewählt hat. Fast immer kann er nachvollziehen, dass es stimmt, da die Regeln einfach sind, aber er versteht die Strategie nicht. Wie lehrt man also Strategien? Die Antwort in diesem Kapitel lautet: Genauso wie das Schachspiel: So bringt es fast immer einen „Stellungsvorteil", wenn man Brüche vermeidet bzw. mit dem

Hauptnenner beseitigt. Ebenfalls schafft das Sortieren von Potenzen einen Überblick. Bei Produkten ist eher ausklammern ratsam, damit man hinterher geeignet kürzen kann, bei Summen ist das Ausmultiplizieren besser, da sich hier oft Terme gegenseitig zu Null addieren. Zum Trost sei gesagt: Das Lösen von Gleichungen – zumindest was die Schulmathematik betrifft – ist wesentlich einfacher zu erlernen als das Schachspiel. Es gibt viel weniger Möglichkeiten.

2.3 Die Waage

Für Gleichungen ist die Waage ein unmittelbar einsichtiges Modell: *„Was auch immer auf der einen Seite getan wird, das soll auch auf der anderen geschehen."* Eine treffende Beschreibung der Äquivalenzumformung. Hier dient „die Waage" als Vorbereitung auf die im folgenden Abschnitt beschriebene Methode *Hölzer in der Box*.

Durch die Darstellung ist unmittelbar klar: Gleichungen sind einfacher als Ungleichungen, da bei erstgenannten nur eine Stellung möglich ist.

Es ist ein Prinzip der Didaktik, von der körperlichen, ganzheitlichen Erfahrung hin zum Abstrakten zu gehen. So kann der Gleichungscharakter mit Streichhölzern nachempfunden bzw. nachgestellt werden. Hierzu bekommt ein Schüler in jede Hand beispielsweise acht Streichhölzer. Wird auf einer Seite eines weggenommen, geht der Arm hoch.

Interessanter ist folgende Aufgabe, die Waage vergleicht dabei nur die Streichholzmengen: Der Schüler bekommt in die linke Hand acht Hölzer, in die rechte vier Hölzer und zwei Schachteln, die jeweils eine unbekannte, jedoch dieselbe Anzahl enthalten. Auflösen dieser „Gleichung" bedeutet eine Vereinfachung der Gleichgewichtssituation. Demnach müssen auf beiden Seiten erst vier Stück entfernt werden und danach die Mengen auf beiden Seiten halbiert werden. Zum Schluss hält unser Schüler zwei Hölzer in der linken Hand und eine Schachtel in der rechten. Eine weitere Vereinfachung ist nicht möglich.

Viele Missverständnisse lassen sich anschaulich erklären. So wirkt mitunter diese Umformung für einen Schüler widersprüchlich:
$8 = s + s$
$8 = 2s$

| Kapitel 2 | Algebraische Umformungen – Arithmetik |

„Ich dachte, man muss auf beiden Seiten genau das gleiche tun!"
Die Termumformung ist natürlich keine echte Äquivalenzrelation. Anschaulich findet hier nur eine Umschichtung der Schachteln statt. So kann $s + s$ als zwei nebeneinanderliegende Schachteln interpretiert werden, während $2s$ den Stapel aus zwei Schachteln darstellt.

Man beachte neben der Demonstration von Äquivalenzumformungen und Termumformungen auch die Einführung der Variablen „Streichholzschachtel", ohne dass der Begriff überhaupt fällt. Die Idee des Ein- und Auspackens von Variablen, das Aufstellen und Lösen von Gleichungen kann gut im Klassenzimmer geübt werden.

2.4 Hölzer in der Box

Zwei Tische werden aneinander gerückt. Auf beiden Seiten liegen gleich viele Hölzer und jede der Schachteln ist mit der gleichen Anzahl bestückt. Wie viele sind in der Schachtel?

Auf der linken Seite liegen acht Hölzer, auf der rechten vier Hölzer und zwei Schachteln. Gelöst wird diese „Gleichung" indem auf beiden Seiten stets gleichviel hinzugefügt oder weggenommen wird. Beispielsweise werden zuerst vier Hölzer auf beiden Seiten entfernt und danach wird ebenfalls auf beiden Seiten die Anzahl halbiert. Als Ergebnis liegen auf dem linken Tisch zwei Streichhölzer und auf dem rechten eine Schachtel.

64

Kapitel 2   *Algebraische Umformungen – Arithmetik*

Bei allen Umformungen handelt es sich um *Äquivalenzumformungen*.

Streichholzrechnung	Aktion	Algebraische Schreibweise	Äquivalenzumformung
IIIIIIII = IIII ☐☐	IIII werden auf beiden Seiten entfernt	$8 = 4 + 2s$	-4
IIII = ☐☐	Anzahl wird halbiert	$4 = 2s$	$:2$
II = ☐		$2 = s$	

Die Entsprechungen zwischen der Streichholzrechnung und der algebraischen Schreibweise sind nahezu selbsterklärend:

Streichhölzer	Zahlen
Schachteln	Variablen
Linker Tisch	Linker Term
Rechter Tisch	Rechter Term
Spalte zwischen den Tischen	Gleichheitszeichen

Umsetzung im Unterricht:
Jede (Farb-)Gruppe baut wie oben beschrieben eine Gleichung auf. Außer einem Stift, der die Farbe der Gruppe repräsentiert und da-

durch Rückfragen an die Erbauer ermöglicht, liegt nichts auf den Tischen.

Unbenötigte Hölzer, die versehentlich auf dem Tisch liegen bleiben, werden fälschlicher Weise später mit der eigentlichen Aufgabe verwechselt. Ein Materialtisch in der Mitte des Klassenzimmers zur Ablage ungebrauchter Hölzer löst dieses Problem weitgehend.

Auch wenn ein Streichholz über die Spalte beider Tische hinwegwandert, wird ein Fehler eingebaut. Es ist nun keineswegs so, dass diese „Fehler" schlecht wären. Im Gegenteil. *Trial and Error* hat uns auf den heutigen Entwicklungsstand gebracht. Fehler beinhalten stets ein großes Lernpotential. Mit Hilfe der Hölzer können Fehler und ihre Folgen veranschaulicht werden. Beispielsweise werden oft Gleichungen dieser Art auf folgende Weise falsch umgeformt:

$2x - 1 = x + 3$
$2x = x + 2$

Hier wurde nur an den Betrag „1" gedacht, nicht an das Vorzeichen. Dieser Fehler lässt sich mit unserem verrutschten Streichholz vergleichen. Auch ist interessant nachzuforschen, wie sich ein Fehler auf die Lösungsmenge auswirkt.

Es ist keine Frage, dass bei Fehlern am meisten gelernt wird. Das gilt allerdings nur, wenn ihre Anzahl im Rahmen bleibt. Schließlich will jeder – nicht nur der Schüler – ein Erfolgserlebnis. Am wenigsten Fehler passieren mit dem schrittweisen Aufbau einer Gleichung:

Schritt I: Auf den linken und auf den rechten Tisch werden je gleich viele Hölzchen gelegt.

Schritt II: Es wird der Wert der Variablen x vereinbart. Als Beispiel soll hier $x = 4$ dienen.

Schritt III: Einige Hölzer werden entsprechend der Variablen in leere Schachteln gepackt. In unserem Beispiel müssen (wegen $x = 4$) in jede Schachtel vier Streichhölzer.

Dieses Vorgehen hat auch noch den Vorteil, dass nur ganzzahlige Lösungen entstehen.

In der Übungsphase gehen die Schüler reihum und lösen zuerst die Streichholzaufgaben nach dem oben beschriebenen Vorgehen. Im Anschluss daran bauen sie die Gleichung wieder auf und übersetzen diese in die Sprache der Mathematik.

| Kapitel 2 | | Algebraische Umformungen – Arithmetik |

Der Heftaufschrieb könnte in etwa so aussehen:

Streichholzrechnung Gruppe „grün"	Algebraische Schreibweise	Umformung
|||||||| = |||| ☐☐	$8 = 4 + 2s$	-4
|||| = ☐☐	$4 = 2s$	$:2$
|| = ☐	$2 = s$	

Es stört wenig, wenn zwei Gruppen an der gleichen Station arbeiten. Wenn man das dennoch vermeiden möchte, soll zuvor jede Gruppe zwei Aufgaben „aufbauen".

2.5 Aus-x-en: Das „x" auspacken und vom Rechnen mit Klammern

Wie löst man eine Gleichung, beispielsweise diese?
$4 + 2\sqrt{-x+1} = 9$
Betrachten wir die Gleichung einmal vom Standpunkt des „x", wo befindet es sich überhaupt? Wie wurde es verpackt?

Erst wurde es mit einem Minuszeichen versehen und dann eins dazugezählt. Und das ganze wurde unter eine Wurzel gepackt, um es anschließend noch mit zwei zu multiplizieren.

Um den Operatorcharakter zu verstärken, hier ein Übungsvorschlag: Man verpacke das „*x*" mit den Schülern.

Eine theatrale Umsetzung kommt ohne Kartons und Schachteln aus: Der Lehrer flüstert einem Schüler eine Zahl ins Ohr, beispielsweise eine „3". Damit wird dieser Schüler zu einer Variablen, nennen wir sie „*x*":

Nun wird bestimmt, was dem „*x*" angetan wird, bzw. wer es verpackt bzw. umarmt. Mit anderen Worten: Es werden *Operatoren* bestimmt:

OPERATOREN

Zuerst geht der Operator „· 6" zum „x" und hält ihn mit seinen Armen fest. Mit diesem *Festklammern* kann man *Klammern* einführen.

Es folgen entsprechend der Skizzen weitere Klammern.

Anschließend soll das gefangene „x" wieder ausgepackt werden. Das bewerkstelligen Gegenoperationen, welche die Schüler problemlos selber finden. Bezeichnet man die Operatoren als Klebstoffe, so sind die Gegenoperatoren entsprechend die Lösungsstoffe:

LÖSUNGSSTOFFE

Das Tafelbild könnte am Ende etwa so aussehen (siehe S. 71 oben). Die Stärke dieser Technik liegt vor allem in ihrer Anschaulichkeit: „Schritt für Schritt" oder genauer „Rechenschritt für Rechenschritt". Es ist auch unmittelbar einsichtig, dass es auf die *Reihenfolge* der Operatoren ankommt. $[(6 \cdot x) + 4]$ ist eine andere Verpackung als

beispielsweise [(x + 4) · 6]. Auch die Wirkungsweise einer Klammer ist leicht zu verstehen.
Die Vereinbarung, dass man bestimmte Klammern weglassen kann, wird häufig als sogenannte „Vorfahrtsregel" unterrichtet („Punkt vor Strich"). Vielleicht ist es anschaulicher, wenn man unterschiedliche Klebstoffe einführt. Zumindest haben die Schüler noch keinen Führerschein. Dementsprechend steht die Addition für einen sehr schwachen, die Multiplikation für einen stärkeren und das Potenzieren für einen noch stärkeren Kleber, der nur noch von der Klammer übertroffen wird.

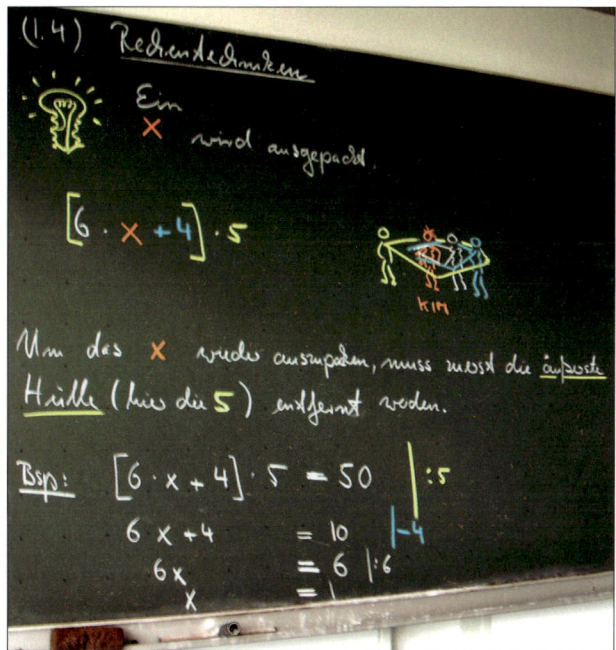

2.6 Potenzgesetze oder das Aufschließen von Gleichungen

Strukturelles Erschließen von Aufgaben kann gut mit dem Schlüssel-Schloss-Prinzip eingeführt und geübt werden. Die Potenzgesetze dienen hierbei nur als Beispiel, genauso kann der Umgang mit Wurzel- oder Logarithmusgleichungen geübt werden.
Statt unterschiedlicher Kleber werden die Gesetze auf farbige Streifen geschrieben:

> Potenzen mit **gleicher Grundzahl** werden **multipliziert (dividiert)**, in dem man die Hochzahlen **addiert (subtrahiert)** und die gemeinsame Grundzahl beibehält.
>
> $$a^x \cdot a^y = a^{x+y}; \quad a^x \div a^y = a^{x-y}$$
>
> $(a \in R\setminus\{0\}; x, y \in Z)$.

Insgesamt sind es drei Gesetze in den Ampelfarben (gelb, grün und rot). In vielen Schulbüchern wird das Distributivgesetz $r \cdot a^z + s \cdot a^z = (r + s) \cdot a^z$ als ein viertes hinzugefügt.

$a^x \cdot b^x = (a \cdot b)^x ;\ \dfrac{a^x}{b^x} = \left(\dfrac{a}{b}\right)^x$	gelb
$(a^x)^y = a^{x \cdot y}$	grün
$a^x \cdot a^y = a^{x+y};\ a^x \div a^y = a^{x-y}$	rot
$r \cdot a^z + s \cdot a^z = (r + s) \cdot a^z$	blau

Umsetzung

Nach der Einführung eines Gesetzes bekommt jeder Schüler den zugehörigen farbigen Streifen (Schlüssel) oder fertigt einen solchen als Hausaufgabe an. Hiermit sollen die Gesetze farblich kodiert werden; das kann noch verstärkt werden, wenn der Lehrer Merksätze bzw. den gesamten zugehörigen Tafelanschrib in diesen Farben gestaltet. Gelb wirkt an der Tafel, aber nicht im Schülerheft, dort eignet sich eine farbige Unterlegung. Es ergibt sich ein solcher *Schlüsselbund*:

Mit diesem wird die Aufgabe „aufgeschlossen". Wird bei einer Umformung ein Rechengesetz benötigt, so wird das zugehörige Gleichheitszeichen entsprechend eingefärbt. Ein Beispiel:

$$\frac{4^n \cdot 25^{n+1}}{10^{2n+1}} = \frac{(2^2)^n \cdot (5^2)^{n+1}}{10^{2n+1}}$$

$$\underset{grün}{=} \frac{2^{2n} \cdot 5^{2(n+1)}}{10^{2n+1}}$$

$$= \frac{2^{2n} \cdot 5^{2n+2}}{10^{2n+1}}$$

$$\underset{rot}{=} \frac{2^{2n} \cdot 5^{2n} \cdot 5^2}{10^{2n} \cdot 10}$$

$$\underset{gelb}{=} \frac{(2 \cdot 5)^{2n} \cdot 5^2}{10^{2n} \cdot 2 \cdot 5}$$

$$= \frac{5}{2}$$

Mit dem Gleichheitszeichen kann zusätzlich alles mit eingefärbt werden, was das entsprechende Gesetz bewirkt hat:

$$\frac{2^{2n} \cdot 5^{2n+2}}{10^{2n+1}} = \frac{2^{2n} \cdot 5^{2n} \cdot 5^2}{10^{2n} \cdot 10}$$

Reihenfolge und Anzahl der benötigten Gesetze hängen von der jeweiligen Lösung ab. Natürlich gibt es andere Strategien, um diese Aufgabe zu bewältigen. In jedem Falle lernt der Schüler, Aufgaben *strukturell* zu lösen. Es ist ein *intelligentes Üben*. Bei jedem Schritt wird Bezug auf das entsprechende Gesetz genommen.

Statt die Schüler bei Rechenübungen ihre eigenen Aufgaben selbst einfärben zu lassen, können bereits gelöste Aufgaben ausgeteilt werden, die dann entsprechend mit Farbe versehen werden sollen.

Alternativ können Aufgaben auch lehrerzentriert angegangen werden. Hierzu schreibt der Lehrer eine Aufgabe an die Tafel, beispielsweise die Vereinfachung eines Terms: $4^x \cdot 4^x = ...$

Die Schüler sollen die Potenzgesetzstreifen nach oben halten, mit denen die Aufgabe gelöst werden kann. Es wird also nicht nach der Lösung selbst, sondern nach der *Struktur* gefragt. In diesem Sinne ist dieses Üben *intelligent* und hebt sich deutlich von sturem Pauken ab. In diesem Beispiel halten die Schüler zwei verschiedene Streifen hoch, einen gelben *und* einen grünen. Je nachdem, wie gerechnet wird: $4^x \cdot 4^x \underset{gelb}{=} (4 \cdot 4)^x = 16^x$ benötigt man das gelbe Potenzgesetz, $4^x \cdot 4^x = (4^x)^2 \underset{grün}{=} 4^{2x} \underset{grün}{=} (4^2)^x = 16^x$ das grüne.

Bei größeren Rechnungen können die einzelnen Rechenschritte bzw. Gleichheitszeichen auf diese Weise diskutiert werden.

In 2.1 wurde Mathematik als eine Sprache vorgestellt. In diesem Sinne ist der vorgestellte *Schlüssel* eine Grammatikfibel – wie natürlich jede Formelsammlung auch. Man beachte, dass bei dieser Art von Übung die Potenzgesetze in beide Richtungen gelesen werden. Für schwächere Schüler bereitet die Leserichtung häufig eine Schwierigkeit, obwohl es augenscheinlich derselbe Tatbestand ist. Nun ist Rückwärtsgehen nun mal prinzipiell anders als Vorwärtsgehen, auch wenn man dieselben Schritte macht. $a^x \cdot a^y = a^{x+y}$ wird anders wahrgenommen als $a^{x+y} = a^x \cdot a^y$. Die Farbkodierung macht hier erfreulicherweise keinen Unterschied: Für diese ist die Richtung innerhalb einer Rechnung gleichgültig. Rot bleibt rot:

$$\frac{2^{2n} \cdot 5^{2n+2}}{10^{2n+1}} \underset{rot}{=} \frac{2^{2n} \cdot 5^{2n} \cdot 5^2}{10^{2n} \cdot 10} \text{ bzw. } \frac{2^{2n} \cdot 5^{2n} \cdot 5^2}{10^{2n} \cdot 10} \underset{rot}{=} \frac{2^{2n} \cdot 5^{2n+2}}{10^{2n+1}}.$$

Gerne können die Schüler die Streifen auch in der Klassenarbeit verwenden. Die Farbkodierung greift tief: So diskutieren die Schüler auch noch über ein halbes Jahr später über die Farbe des Gesetzes, während der Lehrer sich nicht mehr an die spezielle Einfärbung erinnert.

Ein kleiner Anhang zu den Potenzgesetzen: Was ergibt $x^2 + x^3$?
Jeder, der damit zu tun hat, kennt eine Vielzahl von Lösungsvorschlägen:
$x^2 + x^3 = x^5$
$x^2 + x^3 = x^6$
$x^2 + x^3 = 5x$
$x^2 + x^3 = 2x^2 + x$
...

Ein schwächerer Schüler sieht oft kein System hinter den ganzen Zahlensymbolen. Er sieht ein Gewirr von vielen Regeln und versteht oft nicht, warum er einmal etwas zusammenzählen darf, ja sogar soll und muss, manchmal aber nicht.

Man kann Zweifel darüber anmelden, ob diesem Schüler Erklärungen mit weiteren Gesetzmäßigkeiten helfen: „Hier steht x^2 plus x mal x^2 – also kannst du ein x ausklammern."

Wahrscheinlich wird unser erfundener Schüler mit dem Kopf nicken und es sogar „irgendwie logisch" finden.

Hier eine anschauliche Erklärung:
Jeder weiß, dass man nur Äpfel und Äpfel, nicht aber Birnen und Äpfel zusammenzählen kann. Unter x^2 darf man sich ein Quadrat mit der Kantenlänge x vorstellen, eine Fläche also:

$$x^2 + x^2 = 2x^2$$

Ebenso können Würfel addiert werden:

$$x^3 + x^3 = 2x^3$$

Genauso wenig Sinn, wie das Zusammenzählen von Äpfel und Birnen, macht die Addition von Würfel und Fläche:

$$x^3 + x^2 = \text{?}$$

2.7 Umgang mit großen Zahlen – Modell unseres Sonnensystems

Der Weltraum – unendliche Weiten! Es ist fast unheimlich: Wenn in einem Modell unsere Sonne groß wie eine Kirsche wäre, die von einem Staubkorn namens Erde in einem Meter Abstand umkreist werden würde – wie weit ist es in diesem Maßstab zur nächsten Kirsche oder besser zum nächsten Apfel (denn unsere Sonne ist recht klein)? 100 Meter? 10 Kilometer?
Unser nächster Nachbar (α-Centauri) ist ca. vier Lichtjahre entfernt. Dies entspricht in unserem Modell ungefähr 250 Kilometer. 250 Kilometer! Vielleicht hilft dieses Modell zu erahnen, wie wenig Masse im Raum ist und wie klein der Platz für Menschen ist.

Zur Übung:
Es soll ein Modell unseres Sonnensystems nachgebaut bzw. auf die Straße gemalt werden. Sowohl die Entfernungen wie auch die Planetendurchmesser sollen so exakt wie möglich umgesetzt werden. Gibt man den Modellabstand Erde – Sonne mit 10 Metern vor, so wird man zumindest die ersten vier Planeten und unseren Mond auf dem Pausenhof unterkriegen.
Die Ausführung der Übung sei dem Leser überlassen. Zur Umsetzung sind folgende Werte der freien Enzyklopädie Wikipedia entnommen:
(a… Jahre, d… Tage, h… Stunden; AE… astronomische Einheiten, 1 AE entspricht dem Radius, genauer der großen Halbachse der Erdumlaufbahn)

| Kapitel 2 | | | | | | Algebraische Umformungen – Arithmetik | | | |

Planeten	Merkur	Venus	Erde	Mars	Jupiter	Saturn	Uranus	Neptun	Pluto
Große Halbachse in Mio. km in AE	57,91 0,387	108,21 0,723	149,60 1,000	227,92 1,524	778,57 5,204	1 433,53 9,582	2 872,46 19,201	4 495,06 30,047	5 906,38 39,482
Umlaufdauer	87 d 23 h	224 d 17 h	365 d 6 h	1 a 322 d	11 a 315 d	29 a 167 d	84 a 5 d	164 a 289 d	247 a 250 d
Äquatordurchmesser in km Rel. zur Erde	4 879 0,383	12 104 0,949	12 756 1,000	6 794 0,533	142 984 11,209	120 536 9,449	51 118 4,007	49 528 3,883	2 390 0,187

Unser Mond	
mittlerer Bahnradius in km	384 405
Umlaufzeit in Tagen	27,32
Durchmesser in km	3 476
Unsere Sonne	
mittlerer Durchmesser in km	1 392 500

Die Dimensionen unseres Sonnensystems habe ich erst richtig begriffen, als wir bei einem Projekt „Merkur" (Modelldurchmesser ca. 4 mm) auf dem Fußboden suchten, während die Sonne mit einem Durchmesser von 1,39 Metern in Form eines Riesenluftballons in vielen Metern Entfernung hing.

2.8 Differenziertes Kugellager

Abfragen ist im Grunde eine sehr gute Methode. Der entscheidende Nachteil ist, dass der betreffende Schüler meist Angst hat und, falls er vor seinen Mitschülern befragt wird, auch noch bloßgestellt werden kann. Das Kugellager ist eine Technik zum gegenseitigen Abfragen und eignet sich hervorragend zur Wiederholung und Übung. Die Methode kann bei gutem Wetter draußen praktiziert werden.

Kapitel 2 Algebraische Umformungen – Arithmetik

Vorbereitung:
Jede Schülerin und jeder Schüler erhält zwei Übungskarten: Eine zu jedem Schwierigkeitsgrad. Die schwere Frage ist auf grauem Grund gedruckt, die leichtere auf weißem Grund. Haben Sie farbiges Papier zur Verfügung, so können Sie die Differenzierung zusätzlich mit einer Farbkodierung unterstützen, beispielsweise indem die schwierigeren Aufgaben auf rotes Papier kopiert werden, die leichteren auf grünes.

$$7x + 5 = 5x - 2 - 3$$

$$2x = -10$$
$$x = -5$$

$$-\frac{a}{2} - 1 = (a + 2) \cdot 3$$

$$-a - 2 = (a + 2) \cdot 6$$
$$-a - 2 = 6a + 12$$
$$-2 = a$$

Beispiel für mittleres Niveau   Beispiel für höheres Niveau

Die Karten werden an der gestrichelten Linie geknickt, so dass eine Vorderseite mit der Aufgabe entsteht und eine Rückseite mit der Lösung. Die beiden obigen Beispiele sind im Bild rechts dargestellt.
Die Schülerinnen und Schüler gehen zu zweit zusammen. Alle Paare bilden einen Kreis. Einander gegenüberstehende Schüler fragen sich jetzt ab. Der Befragte darf sich den Schwierigkeitsgrad aussuchen.

| *Kapitel 2* *Algebraische Umformungen – Arithmetik*

Kann die Aufgabe nicht gelöst werden, wird die Übungskarte aufgefaltet und der Rechenweg zu zweit diskutiert.

Mit einem akustischen Signal (Gong, Hände klatschen) dreht sich das „Innere des Kugellagers" nach ca. 60 Sekunden um einen Schritt nach rechts weiter. Der äußere Ring bleibt stehen. Damit hat jeder einen neuen Partner zum Abfragen.

Das „Kugellager" dauert in der Regel eine gute halbe Schulstunde, das Abfragen selbst ca. 10 – 15 Minuten.

Die Übungen können auch von den Schülerinnen und Schülern selbst beispielsweise als Hausaufgabe angefertigt werden. Wichtig ist hierbei, dass *alle* Beteiligten das Erstellen von Aufgaben ernst nehmen: *Baut eine Person einen Fehler ein, so lernen alle anderen etwas Falsches*. Vom Standpunkt des eigenverantwortlichen Lernens, der Verantwortung der (Lern-)Gruppe gegenüber, ist dieses Vorgehen besser, als wenn der Lehrer das Material erstellt. Auch deswegen, weil hier die Schüler selbst Aufgaben *konstruieren*, also auch einen Rollenwechsel vom Prüfling zum Aufgabensteller durchleben.

Aber aus pragmatischer Sicht ist es leichter, wenn, zumindest beim ersten Praktizieren der Übung, die Aufgaben fehlerfrei sind. Das kann auch sichergestellt werden, wenn die Schüler die Aufgaben mit Lösungen (Lösungsbuch) bekommen und damit die Übungskarten selbst herstellen.

2.9 Schritt für Schritt – Lösungen abschreiben

Mit dieser Methode können auch komplexere Aufgaben gelöst werden. Die Idee ist naheliegend: Um eine Gleichung zu lösen, muss man *Schritt für Schritt* vorgehen; und genau das lässt sich draußen auf der Straße im Großen umsetzen.
Zur Umsetzung im Unterricht wird trockenes Wetter und genügend Kreide benötigt. Zuerst erfindet jede (Farb-)Gruppe eine Aufgabe und schreibt diese groß auf den Boden. Zum Beispiel: $3x + 7(x + 1) = 4x - 3$. Im nächsten Rechenschritt wird die Klammer aufgelöst: $3x + 7x + 7 = 4x - 3$, was einen *Schritt* weit von der ursprünglichen Gleichung aufgeschrieben wird. Auf diese Weise entsteht ein Gleichungszebrastreifen, der hier von unten nach oben abgeschritten wird.

$$x = -\frac{10}{6} = -\frac{5}{3}$$
$$6x = -10$$
$$6x + 7 = -3$$
$$10x + 7 = 4x - 3$$
$$3x + 7x + 7 = 4x - 3$$
$$3x + 7(x + 1) = 4x - 3$$

Nach Fertigstellung schreitet jede Gruppe die Zebrastreifen der anderen ab. Die Schüler überlegen sich bei jedem (Rechen-)Schritt, *was* getan wurde.

In unserem Beispiel wird zuerst *ausmultipliziert*, danach *zusammengefasst*, dann wurde auf beiden Seiten der Gleichung $4x$ abgezogen. Und so weiter.

| Kapitel 2   Algebraische Umformungen – Arithmetik

In der Tat werden „nur" wenige Aufgaben durchgegangen. Dafür handelt es sich um ein *intelligentes Üben*. Die Schüler sprechen und diskutieren sehr viel über Mathematik und finden sogar eventuelle Fehler.

Umgang mit Fehlern
Wer auch immer den Tintenkiller erfunden hat, ein Segen ist das Vertuschen und Ausbessern von Fehlern nicht. Im Gegenteil: Wer sich seiner Fehler nicht erinnert, wird zum Wiederholungstäter. Werden bei der Übung welche gefunden, sollen diese vorerst nicht verbessert werden. Erst am Ende werden in einem „Fehlerrundgang" alle besprochen. Es gilt die Qualität von Fehlern zu verstehen: So gibt es harmlose Rechenfehler oder Zahlenverdreher. Von anderer Natur sind Vorzeichenfehler:
$6x - 7 = -3$
$\quad 6x = -10$
Und dann gibt es noch typische Denkfehler:
$0x = 3$
$\ x = 0$
Zweifelsohne ist das Erkennen und Verstehen dieser Fehler grundlegend für das Verständnis von algebraischen Umformungen.

2.10 Wissen in der Streichholzschachtel – eine belohnende Abfragetechnik

Eine Abfragetechnik, die belohnt. Die Grundidee ist einfach. Richtig gelöste Aufgaben werden mit einem Streichholz belohnt. Statt farbige Übungskarten wie in 2.8 anzufertigen, werden die Aufgaben auf Streichholzschachteln geschrieben bzw. aufgeklebt.

Vorderseite: Rückseite:

Die binomischen Formeln sollen nur die Technik beschreiben, sie sind stellvertretend als eine Einsatzmöglichkeit zu verstehen.

Durchführung:
Die Schachtel entspricht dem Wissensspeicher, in etwa dem Gehirn. Zuerst werden alle Speicher geleert:

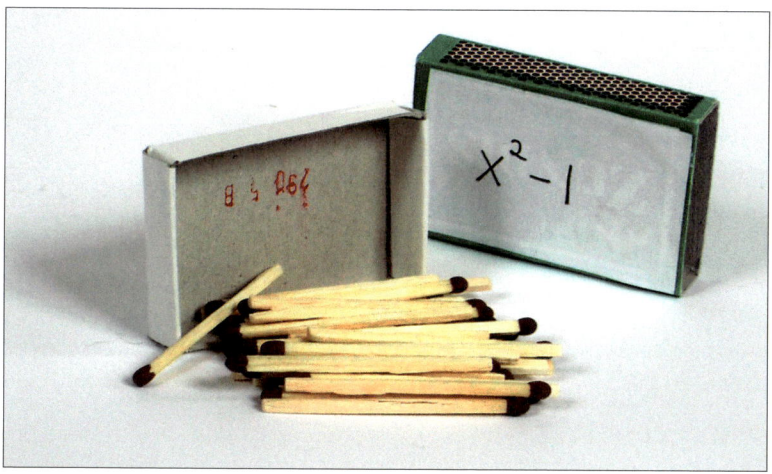

Jeder Schüler hält jetzt in einer Hand einen Vorrat an Streichhölzern, in der anderen die zunächst noch leere Schachtel. Ziel ist es, die Schachtel zu füllen, der Hölzervorrat dient nur zur Bestückung der Schachteln. Ähnlich wie beim Kugellager prüfen sich die

Schüler wechselseitig ab. Allerdings wird nicht im Kreis herumgegangen: Die Paare finden sich ständig gegenseitig und lösen sich nach dem Abfragen wieder auf.

Zur Befragung zeigt der Prüfer seinem Prüfling *eine* Seite seiner Wahl. (Es darf also in beide Richtungen gefragt werden.) Wurde die Aufgabe richtig gelöst, gibt der Aufgabensteller aus seinem Vorrat (nicht aus seiner Schachtel) ein Streichholz ab. **Wichtig ist, dass immer nur der Prüfer Streichhölzer austeilt, sonst gibt's Chaos.** Wurde ein Fehler gemacht, ist (falls möglich) ein Streichholz abzugeben. Wer zündelt fliegt raus. Schummeln ist albern.

Anfertigung der Aufgaben:
Wie beim *Kugellager* (2.8) ist es besser, wenn der Schüler selbst eine Aufgabe konstruiert. Aber wenn man die Übung zum ersten Mal mit seinen Schülern macht, empfiehlt sich die Herstellung von einem fertigem Satz Schachteln durch den Lehrer. Das dauert ca. 30 Minuten, aber dafür sind die Aufgaben hinterher auch richtig. Steht etwas Falsches auf den Boxen, dann wird auch Falsches gelernt. Hat man die Zeit nicht, kann man die Schüler mit Aufgaben und Lösungen versorgen. Man beachte bei der Auswahl der Aufgaben, dass diese ohne Papier und Bleistift zu lösen sind. Alles wird im Kopf gelöst.

Alternativen:
Statt den binomischen Formeln kann anderes geübt werden:
– Zuordnungsvorschrift – Schaubild
– Bruchrechnen
– Prozentrechnen
– Satz von Vieta
– das Einmaleins
– ...

Fast alles lässt sich in beiden Richtungen prüfen. Die Technik ist auch nicht an das Fach Mathematik gebunden. Denken Sie beispielsweise an das Lernen von Vokabeln und Fremdwörtern.

Differenzierung:
Die Schüler können ihre Schachtel zu Hause in einer festgelegten Farbe gestalten: Dabei gilt entsprechend den Ampel-farben rot als schwere, gelb als mittelschwere und grün als leichte Aufgabe. Dann können drei Hölzer für eine schwere, zwei für eine mittlere und ein Holz für eine leichte Prüfung ausgeteilt werden.

Teil I
Mathematische Inhalte

Kapitel 3
Wahrscheinlichkeit

3.1 Ungerechtigkeit mit Gummibärchen oder Siedler von Catan

Fast jeder kennt *Siedler von Catan*, ein Spiel bei dem man aus Rohstoffen Straßen, Häuser und Städte baut. Die Rohstoffe werden mit Hilfe zweier Würfel verteilt. Es gibt bestimmte Zonen, die von zwei bis zwölf durchnummeriert sind. Wird beispielsweise die *Augensumme fünf* geworfen, erhalten alle Spieler Rohstoffe, die an dieser Zone angrenzen. Die Ausnahme stellt die Zahl *Sieben* dar: Hier wechselt ein Räuber seine Position. Dem Kenner ist klar, dass die Zahlen *Sechs* und *Acht* sehr gut sind, um an Rohstoffe zu kommen, *Zwei* und *Zwölf* haben kaum eine *Chance*.

Ein hübscher Einstieg: Zufall, Ergebnis, Ereignis, Wahrscheinlichkeit, Wahrscheinlichkeitsverteilung, Zufallsvariable – all das ist enthalten, auch wenn es vorerst nicht namentlich erwähnt und definiert werden muss. Und ein Grund ist erklärt, warum man sich mit mathematischen Wahrscheinlichkeiten auseinandersetzen sollte: Man wird nicht so leicht über's Ohr gehauen.

Das Spiel wird im Klassenzimmer nachempfunden. Um später die Würfel unterscheiden zu können, wird mit einem roten und einem weißen geworfen und die *Augensumme X* notiert.

Kapitel 3 *Wahrscheinlichkeit*

Benötigt wird außerdem eine Tüte Gummibärchen oder irgendeine andere Süßigkeit, die sich leicht verteilen lässt. Im Klassenzimmer herrscht völlige Stille und die Schüler versprechen, dass vorerst noch kein einziges Gummibärchen gegessen wird.

Bevor es losgeht, wird die Klasse in 11 Untergruppen eingeteilt. Die Gruppe $X = 7$ würfelt aus und sagt die Summe laut. Hier wurde gerade $X = 10$ geworfen:

Jeder der Gewinnergruppe erhält ein Gummibärchen, das er vor sich auf den Tisch legt. Auf diese Weise entsteht vor jedem Schüler eine private Ansammlung, die später ausgezählt wird. Die Gewinne (Gummibärchen) werden so schnell verteilt, wie die Gruppe $X = 7$ werfen kann. Nach und nach stellt sich bei einigen Gruppen das Gefühl der Ungerechtigkeit ein. Nachdem die Gummibärchentüte leer ist, werden die Daten (privaten Ansammlungen) erhoben. Diese Erhebung könnte ungefähr so aussehen:

Zufallsvariable X	2	3	4	5	6	7	8	9	10	11	12
Abs. Häufigkeit	I		II	III	IIII	IIIII	III	II	III	I	I

Anschließend wird darüber diskutiert, ob das Spiel fair oder unfair war. Und zwar solange bis die Wahrscheinlichkeitsverteilung gefunden und damit belegt ist, dass die Einteilung des Lehrers ungerecht war. Ist schließlich klar geworden, warum die Tische mit $X = 2$ und $X = 12$ viel schlechter dran waren, können die Gruppen mit hohen Gewinnchancen einen Teil ihrer Beute abgeben. Wie gut, dass der Mensch ein Sozialwesen ist.

11	12	13	14	15	16
21	22	23	24	25	26
31	32	33	34	35	36
41	42	43	44	45	46
51	52	53	54	55	56
61	62	63	64	65	66

Zum Schluss eine Darstellung der Elementarereignismenge in zwei Farben: Die erste (rote) Ziffer bezieht sich auf den roten Würfel, die zweite entsprechend auf den weißen.
Innerhalb einer Diagonalen ist die Augensumme gleich. Hervorgehoben sind die Ereignisse $X = 4$ und $X = 8$. Es lassen sich an dieser Stelle gut neue Begriffe wie *Wahrscheinlichkeitsverteilung, Zufallsvariable, Ereignis* oder *Elementarereignis* einführen.
Die Wahrscheinlichkeitsverteilung lässt sich jetzt einfach ablesen (siehe links).

$P(X = 2) = \dfrac{1}{36} = P(X = 12);$

$P(X = 3) = \dfrac{2}{36} = \dfrac{1}{18} = P(X = 11);$

$P(X = 4) = \dfrac{3}{36} = \dfrac{1}{12} = P(X = 10);$

$P(X = 5) = \dfrac{4}{36} = \dfrac{1}{9} = P(X = 9);$

$P(X = 6) = \dfrac{5}{36} = P(X = 8);$

$P(X = 7) = \dfrac{6}{36} = \dfrac{1}{6}.$

3.2 „Gesetz" der Großen Zahlen

Es ist etwas sehr seltsames: Einerseits ist es unmöglich über den Ausgang eines einzelnen Experimentes eine Aussage zu treffen. Andererseits gibt es ein „Gesetz", das im Grunde kein Gesetz, sondern vielmehr ein Erfahrungswert ist: Wiederholt man beispielsweise einen Münzwurf wieder und wieder, so stellt man fest, dass „Zahl" wie „Bild" ungefähr gleich häufig vorkommen.

Man nimmt es so hin. Für gewöhnlich. Aber wenn Sie beim Mensch-Ärgere-Dich-Nicht zigmal hintereinander keine „Sechs" geworfen haben, so sind Sie vielleicht der Auffassung, dass *nun endlich einmal Sie an der Reihe wären*. Dem ist eben nicht so. Das Gesetz der großen Zahlen besagt, dass Sie tausendmal Pech haben können, aber Ihre Chance durch Ihre Vorgeschichte nicht ansteigt. Ausgleichende Gerechtigkeit gibt es nicht, nicht bei endlich vielen Würfen. In Spielkasinos spielen sich Dramen ab, nur weil diese Tatsache nicht eingesehen wird.

Umsetzung:

Jede Gruppe überlegt sich ein Zufallsexperiment und definiert ein Ereignis, das sie interessiert. Hier mögliche Ereignisse:
- Experiment: Werfen eines Würfels und Notation der Augenzahl. Ereignis A: Werfen einer Sechs.
- Experiment: Werfen einer 50 Cent–Münze und Notation „Bild oder Zahl". Ereignis B: Bild.
- Experiment: Geodreieck über die Tischkante kippen lassen und Notation der oberen Seite. Ereignis C: Schriftseite ist oben.
- Experiment: Werfen zweier Würfel und Notation der Augensumme. Ereignis D: Werfen der Augensumme Sechs (vergleiche *Siedler von Catan*).
- …

Wesentlich ist, dass sich die Gruppen *ihr* Experiment selbst aussuchen und nicht vom Lehrer eines verordnet bekommen. Ziel ist, dass jede Gruppe ein eigenes Experiment macht.

Anzahl der Zufallsexperimente	Absolute Häufigkeit des Ereignisses A	Relative Häufigkeit des Ereignisses A
10		
20		
30		
40		
50		
60		
70		
80		
90		
100		
110		
120		
...		

Die relativen Häufigkeiten werden über der Anzahl der Zufallsexperimente aufgetragen, etwa in einem solchem Diagramm:

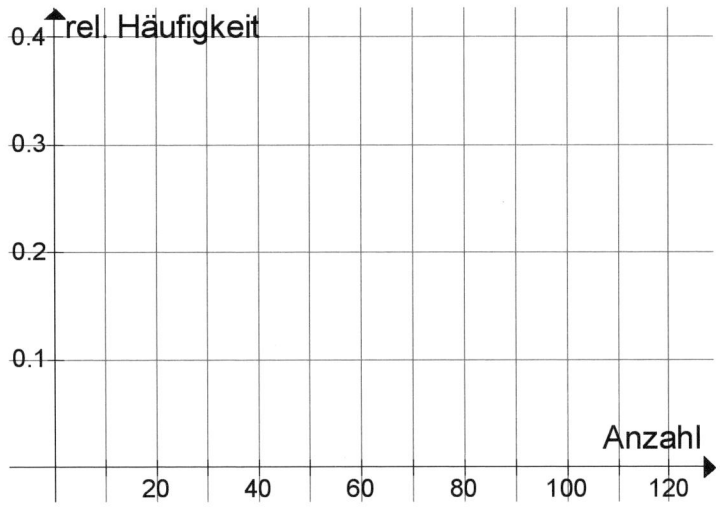

Die Häufigkeiten stabilisieren sich selten wie erwartet. Beispielsweise pendelt sich beim Münzwurf die relative Häufigkeit bei vielen Münzen nicht bei 0,5 (bzw. 50 %) ein. Vielleicht wurde die Münze auf eine bestimmte Art geworfen, so dass eine bestimmte Wurftechnik, eine Systematik, die erwartete fifty-fifty-Chance nicht aufkommen ließ. Aber genau das ist ja interessant.

3.3 Gesetz der Großen Zahlen oder das Knacken von Geheimen Botschaften

Ein altes Spiel, modern formuliert: Alice (A) versucht, Bob (B) eine Nachricht zukommen zu lassen. Damit kein Dritter die Botschaft lesen kann, wird sie versteckt oder verschlüsselt. Ist Alice eine Schmugglerin, die zu Bob unterwegs ist, so hat der Zoll großes Interesse, *geheimes Material* sicherzustellen. Es ist ein Spiel: Eine Seite sucht immer bessere Verstecke und die Gegenseite entwickelt immer bessere Methoden, um die Nachrichten aufzuspüren.

Prinzipiell gibt es zwei Möglichkeiten, eine Nachricht zu verbergen: Das Verstecken der Nachricht und das Verschlüsseln. Letzteres benutzt mathematische Methoden, ersteres schafft Interesse und führt in die Problematik ein. Kreditkarten, Online-Banking mit PIN und TAN, Kartenabhebungen und so weiter sind alles alltägliche Anwendungen mathematischer Verschlüsselungsverfahren.

Das Verstecken von Nachrichten

Das Prinzip kann im Unterricht nachgespielt werden. Drei Schmuggler verlassen den Raum und einer von ihnen versteckt bei sich *einen Schlüssel* stellvertretend für eine geheime Botschaft. Intime Stellen dürfen nicht als Versteck dienen. Nacheinander betreten die potentiellen Schmuggler den Raum und werden von den Polizisten an drei oder vier Stationen untersucht. An jeder Station dürfen die Schmuggler eine halbe Minute durchsucht werden. Erst wenn alle Schmuggler an der Polizei vorbeigekommen sind, findet die Auflösung statt.

- In der Geschichte finden sich viele Formen des Versteckens von Nachrichten: Mikrochips wurden in Zähne eingebaut oder im I-Punkt einer Dummymessage versteckt.
- Geheimagenten schrieben mit Urin, der beim Erwärmen wieder sichtbar wurde.
- Sklaven wurden die Haare abgeschnitten und eine geheime Botschaft auf die Kopfhaut geschrieben. Losgeschickt wurde der Sklave, als die Haare wieder gewachsen sind.
- Im alten China wurden Nachrichten auf feine Seide geschrieben und, in Wachsbällchen eingepackt, geschluckt.

Das Verschlüsseln von Nachrichten

Um den Inhalt einer Nachricht zu verbergen, gibt es einen eleganteren Weg: Das Verschlüsseln von Nachrichten. Die Grundidee dabei ist, dass *jeder* den verschickten Text zwar lesen kann, ohne allerdings die Botschaft zu verstehen. Das Spiel zwischen Sender, Empfänger und Angreifer ist jedoch das Gleiche.

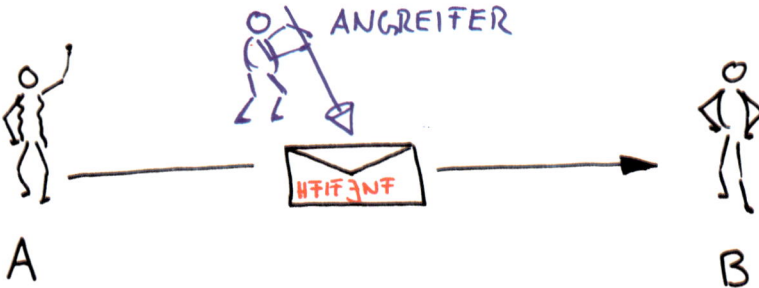

Versuchen Sie diesen Text zu entschlüsseln:

+I$A7T+@@PI+7,MOD+R$FORMU7I+RT:A7IC+(A)V+R@UCHTBOB(B)+I$+$A CHRICHTZUKOMM+$ZU7A@@+$.DAMITK+I$DRITT+RDI+BOT@CHAFT7+ @+$KA$$,WIRD@I+V+R@T+CKTOD+RV+R@CH7Ü@@+7T.I@TA7IC++I$+@C HMUGG7+RI$DI+ZUBOBU$T+RW+G@I@T,@OHATD+RZO77GROß+@I$T+R +@@+G+H+IM+@MAT+RIA7@ICH+RZU@T+77+$.+@I@T+I$@PI+7:+I$+@+IT+ @UCHTIMM+RB+@@+R+V+R@T+CK+U$DDI+G+G+$@+IT++$TWICK+7TIM M+RB+@@+R+M+THOD+$UMDI+$ACHRICHT+$AUFZU@PÜR+$.PRI$ZIPI+ 77GIBT+@ZW+IMÖG7ICHK+IT+$+I$+$ACHRICHTZUV+RB+RG+$:DA@V+R @T+CK+$D+R$ACHRICHTU$DDA@V+R@CH7Ü@@+7$.7+TZT+R+@B+$ÜTZ TMATH+MATI@CH+M+THOD+$,+R@T+R+@@CHAFFTI$T+R+@@+U$DFÜH RTI$DI+PROB7+MATIK+I$.KR+DITKART+$,O$7I$+BAKIGMITPIUDTA$,KART+$ABH+BU$G+UD@OW+IT+R@I$DA77+@A77TÄG7ICH+A$W+$D U$G+$MATH+MATI@CH+RV+R@CH7Ü@@+7U$G@V+RFAHR+$.

Die Schwachstelle aller Verschlüsselungen sind Wiederholungen. Der häufigste Buchstabe im deutschen Alphabet ist das „E". 17,4 % beträgt seine relative Häufigkeit. Sucht man in der verschlüsselten Botschaft entsprechend nach dem häufigstem Zeichen, so findet man ein „+". Also steht „+" höchstwahrscheinlich für „E". Die Entschlüsselung beruht also auf einer Häufigkeitsanalyse. Die freie Enzyklopädie *Wikipedia* gibt folgende relativen Häufigkeiten in Texten der deutschen Sprache an:

Platz	Buchstabe	Relative Häufigkeit
1.	E	17,40 %
2.	N	9,78 %
3.	I	7,55 %
4.	S	7,27 %
5.	R	7,00 %
6.	A	6,51 %
7.	T	6,15 %
8.	D	5,08 %
9.	H	4,76 %
10.	U	4,35 %
11.	L	3,44 %
12.	C	3,06 %
13.	G	3,01 %
14.	M	2,53 %
15.	O	2,51 %
16.	B	1,89 %
17.	W	1,89 %
18.	F	1,66 %
19.	K	1,21 %
20.	Z	1,13 %
21.	P	0,79 %
22.	V	0,67 %
23.	ß	0,31 %
24.	J	0,27 %
25.	Y	0,04 %
26.	X	0,03 %

Die Umlaute ä, ö und ü wurden wie ae, oe und ue gezählt. Die beiden Buchstaben e und n treten mit zusammen 27,18 % am häufigsten auf.

Verschlüsselt wurden die ersten beiden Absätze dieses Unterkapitels. *„Ein altes Spiel ..."* Anbei ein mögliches Vorgehen, um mit wenig Aufwand einen beliebigen Text zu verschlüsseln. Wegen der Übersichtlichkeit ist der Klartext grün eingefärbt und die Verschlüsselung rot.

- Nehmen Sie ein Textverarbeitungsprogramm (beispielsweise *Word* oder *Open Office*) und markieren Sie den gesamten Text. Klammerbemerkungen beziehen sich hier auf *Word*.

- Als nächstes lassen Sie den Text in Großbuchstaben anzeigen. (Format, Zeichen, Effekte – Großbuchstaben).

Mittels der Funktion *Suchen und Ersetzen* (Strg+F) ersetzen Sie alle Leerstellen durch nichts, also „ " durch „". In diesem Text waren 110 Leerstellen. Färben Sie den Text rot ein und entfernen Sie Absätze. Als Ergebnis sieht der Text so aus:

EINALTESSPIEL,MODERNFORMULIERT:ALICE(A)VERSUCHTBOB(B)EINENACHRICHTZUKOMMENZULASSEN.DAMITKEINDRITTERDIEBOTSCHAFTLESENKANN,WIRDSIEVERSTECKTODERVERSCHLÜSSELT.ISTALICEEINESCHMUGGLERINDIEZUBOBUNTERWEGSIST,SOHATDERZOLLGROßESINTERESSEGEHEIMESMATERIALSICHERZUSTELLEN.ESISTEINSPIEL:EINESEITESUCHTIMMERBESSEREVERSTECKEUNDDIEGEGENSEITEENTWICKELTIMMERBESSEREMETHODENUMDIENACHRICHTENAUFZUSPÜREN.PRINZIPIELLGIBTESZWEIMÖGLICHKEITENEINENACHRICHTZUVERBERGEN:DASVERSTECKENDERNACHRICHTUNDDASVERSCHLÜSSELN.LETZTERESBENÜTZTMATHEMATISCHEMETHODEN,ERSTERESSCHAFFTINTERESSEUNDFÜHRTINDIEPROBLEMATIKEIN.KREDITKARTEN,ONLINEBANKINGMITPINUNDTAN,KARTENABHEBUNGENUNDSOWEITERSINDALLESALLTÄGLICHEANWENDUNGENMATHEMATISCHERVERSCHLÜSSELUNGSVERFAHREN.

- Lassen Sie alle Buchstaben zählen. (Extras, Wörter zählen). Hier sind es 713. Dies wird später zur Berechnung der relativen Häufigkeit benötigt.
- Jetzt wird verschlüsselt: Wiederum mit der Funktion *Suchen und Ersetzen* (Strg+F) tauschen Sie häufig vorkommende Buchstaben aus. Notieren Sie, wie viele jeweils ausgetauscht wurden, falls Sie später relative Häufigkeiten miteinander vergleichen wollen.

Klartext	Verschlüsselt	Absolute Häufigkeit	Relative Häufigkeit
E	+	122	17,1 %
N	$	58	8,1 %
L	7	32	4,5 %
S	@	57	8,0 %

Je länger der Text, desto besser passen sich die relativen Häufigkeiten denen von Wikipedia an; entsprechend dem Gesetz der großen Zahlen.

Diese Art der Verschlüsselung ähnelt der Caesar-Verschlüsselung. Hier werden Buchstaben durch das Verschieben zweier Alphabete

Kapitel 3   *Wahrscheinlichkeit*

ersetzt. Wesentlich stärker ist die Methode des *Vigenère-Quadrats*, hier werden mehrere Alphabete zur Verschlüsselung verwendet. Die Häufigkeitsanalyse ist hier um einiges schwieriger. Es gibt ein gutes Buch darüber von Simon Singh, *Geheime Botschaften*; Dtv (2001). Ebenfalls zu empfehlen ist: Albrecht Beutelspacher, *Geheimsprachen*; Beck, 4. Auflage (November 2005).

3.4 Lotto (n über k)

Das skizzierte Vorgehen beinhaltet das Ziehen *mit* und *ohne* Beachtung der Reihenfolge, ebenso die *Produktregel*. Vertieft werden muss es an dieser Stelle jedoch nicht, aber man kann natürlich gerne später darauf zurückgreifen.

Jeder Schüler stellt eine Kugel dar. Noch bestehen die Klassen nicht aus 49 Schülern, demzufolge spielt man statt „6 aus 49" entsprechend mit weniger Kugeln. Hier wird „4 aus 30" vorgestellt, also vier Ziehungen – ohne Beachtung der Reihenfolge – aus dreißig Kugeln. Natürlich kann der Lehrer die Schüler durchnummerieren. Besser ist es jedoch, die Schüler erledigen das selbst, indem der Sitzordnung entsprechend durchgezählt wird. Auf diese Weise hat zumindest jeder einmal seine Zahl selbst gesagt und vergisst sie somit auch nicht so schnell.

Sind vier Stühle aufgestellt (Kugellöcher) rollen die Kugeln durcheinander im Raum. Auf ein Signal hin (Klatschen des Lehrers oder Gong) steigt der Schüler auf den ersten Stuhl, der ihm am nächsten ist. Jeder Schüler hätte auf diesen Stuhl steigen können, es gibt also 30 Möglichkeiten ihn zu besetzen. Entsprechend werden die anderen Kugeln gezogen.

Für die zweite Kugel gibt es nur noch 29 Möglichkeiten, da die erste Ziehung die Anzahl der Kugeln um eins reduziert hat. Für den dritten Platz vermindert sich die Anzahl auf 28, beim vierten auf 27.

Dass die Anzahl der Möglichkeiten, die vier Stühle zu besetzen, etwas mit den Zahlen 30, 29, 28 und 27 zu tun hat, ist jedem Schüler klar. Warum daraus jedoch unmittelbar 30 · 29 · 28 · 27 Möglichkeiten folgen, ist an dieser Stelle keinesfalls klar. Warum sind es beispielsweise

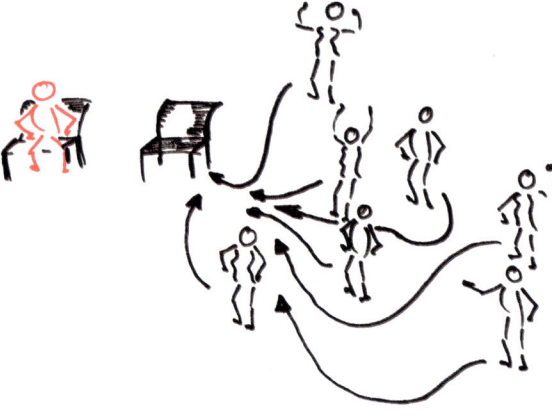

nicht 30 + 29 + 28 + 27 Möglichkeiten? Didaktisch bietet sich die in Kapitel 6 beschriebene Methode *Standpunkte einnehmen* an. Für den Fall, dass die Schüler nicht selbst auf die Lösung kommen, bietet sich folgende Erklärung durch Nachspielen an:

Zunächst reduzieren wir das Problem auf zwei Stühle. Angenommen No. 1 setzt sich auf den ersten Stuhl, dann verbleiben bei insgesamt 30 Personen noch 29 Möglichkeiten, den zweiten Platz zu besetzen. Anders formuliert: Es gibt noch 29 Möglichkeiten, wenn Person No. 1 auf dem ersten Stuhl sitzt. Will man diese Erkenntnis „setzen" lassen, sollen alle 29 sich im Sekundentakt einmal kurz auf dem Stuhl niederlassen.

$\underbrace{29}_{\text{No.1}}$

Nun setzt sich No. 2 auf den ersten Stuhl: Auch in dieser Situation gibt es 29 Möglichkeiten für den zweiten Platz.

$\underbrace{29}_{\text{No.1}} + \underbrace{29}_{\text{No.2}}$

Und dann geht's weiter bis zu No. 30. Insgesamt ergeben sich 30mal 29 Möglichkeiten:

$\underbrace{29}_{\text{No.1}} + \underbrace{29}_{\text{No.2}} + \underbrace{29}_{\text{No.3}} + \underbrace{29}_{\text{No.4}} + \ldots \underbrace{29}_{\text{No.30}} = 30 \cdot 29$.

Die Erweiterung auf mehrere Stühle geht entsprechend: Für die ersten beiden Plätze gibt es 30 · 29 Möglichkeiten und jedes Mal können sich 28 Schüler auf den dritten Platz setzen. Damit sind die 30 · 29 · 28 · 27 Besetzungsmöglichkeiten geklärt. Und damit ist an einem Beispiel die *Produktregel* eingeführt:

Gegeben sind k Urnen mit n_1 bzw. n_2 bzw. ... n_k Kugeln. Dann gibt es $n_1 \cdot n_2 \cdot \ldots \cdot n_k$ Möglichkeiten, aus jeder der Urnen genau eine Kugel zu ziehen.

Die 30 · 29 · 28 · 27 Besetzungsmöglichkeiten beachteten die *Reihenfolge der Ziehungen*. Im nächsten Schritt bittet der Lehrer die vier

Ziehungen, aufzustehen, sich durchzumischen, und wieder erneut zu setzen.

Die jetzige Vertauschung ändert nichts am Gewinn. Hätte man zuvor vier Richtige im Lotto gehabt, dann auch jetzt. Achtet man also nicht auf die Reihenfolge, reduziert sich die Anzahl an unterscheidbaren Möglichkeiten. Ergo: Man muss herausfinden, wie viele solcher Vertauschungen möglich sind. Hierzu stehen die „vier Richtigen" erneut auf. Um den ersten Platz mit einer „richtigen" Kugel zu besetzen, gibt es vier Möglichkeiten: Kugel Nr. 7, 11, 13 oder 26 wäre möglich. Angenommen, Nr. 13 setzt sich, jetzt kann Platz 2 nur noch von drei Kugeln besetzt werden, entsprechend Platz 3 von zwei Kugeln und schließlich bleibt für Platz 4 nur noch eine Kugel über. Insgesamt gibt es also pro Ziehung $4 \cdot 3 \cdot 2 \cdot 1$ Vertauschungsmöglichkeiten.

Die Anzahl aller Möglichkeiten, die die Reihenfolge nicht beachten, ist demnach

$$\frac{30 \cdot 29 \cdot 28 \cdot 27}{4 \cdot 3 \cdot 2 \cdot 1}.$$

Die Wahrscheinlichkeit eines Volltreffers somit:

$$\frac{4 \cdot 3 \cdot 2 \cdot 1}{30 \cdot 29 \cdot 28 \cdot 27}.$$

Diese Quotientenbildung ist auf den ersten Blick vielleicht (wie bei der Produktregel) nicht zu verstehen. Wahrscheinlich hilft folgendes Bild: Angenommen wir schreiben alle Möglichkeiten (Tippscheine) *mit Beachtung der Reihenfolge* auf. Dann gibt es $4 \cdot 3 \cdot 2 \cdot 1$ Tippscheine, die gewinnen. Diese werden auf einen Stapel gelegt. Auf diese Art und Weise lassen sich alle Tippscheine zu Stapeln mit $4 \cdot 3 \cdot 2 \cdot 1$ Tippscheinen legen. Die Quotientenbildung bedeutet nichts anderes als die Anzahl der Stapel.

Eine vertiefende oder alternative Aufgabe:
Je sechs Personen gehen zusammen. Die Frage lautet: „Wie viele unterschiedliche Vierergruppen können aus sechs Personen gebildet werden?"
Diese Aufgabe wurde Schülern direkt in der Stunde nach der Behandlung des Lottospiels gestellt. Interessanterweise hatte diese neue Aufgabe für die Schüler nichts mit „6 aus 49" zu tun!
„4 aus 6" ist ein alternativer Einstieg oder eine Transferaufgabe. Es ist aus Platzgründen gut, rauszugehen und den

Schülern Kreide in die Hand zu geben. Für die Erklärung geht man wie beim Lotto vor, statt der Stühle zeichne man vier quadratische Plätze auf den Boden.

3.5 Lotto in Kürze

Das letzte Kapitel behandelte zwei Themen: *Ziehen mit Beachtung der Reihenfolge* und *Ziehen ohne Beachtung der Reihenfolge*. Die Wahrscheinlichkeit, im Lotto einen Volltreffer zu landen, lässt sich inhaltlich schneller klären, allerdings unter Verwendung des Baumdiagramms.

Die Schüler zählen sich durch und verlassen als nummerierte Kugeln das Klassenzimmer. Der Lehrer kennzeichnet vier Stühle mit Kreide oder farbigen Klebepunkten auf der Unterseite der Sitzflächen und bittet danach wieder herein. Alle gehen durcheinander. Auf ein Zeichen setzen sich alle *nacheinander* auf einen Stuhl ihrer Wahl. (Dem *Ziehen mit einem Griff* ist es egal, ob sich alle auf einen Schlag setzen – aber Kugel für Kugel erklärt es sich leichter.) Auf den markierten Plätzen sitzen die „gezogenen Kugeln". In unserem Beispiel sollen das die Kugeln 11, 7, 13 und 26 sein. Setzt sich Kugel Nummer 11 zuerst, so ist die Wahrscheinlichkeit eines Treffers $\frac{4}{30}$. Für die nächste Kugel bleiben noch drei Richtige, aber gelost wird nur noch unter 29, also beträgt ihre Wahrscheinlichkeit $\frac{3}{29}$. Entsprechend gelten für die weiteren Ziehungen $\frac{2}{28}$ und $\frac{1}{27}$. Hier das zugehörige Baumdiagramm:

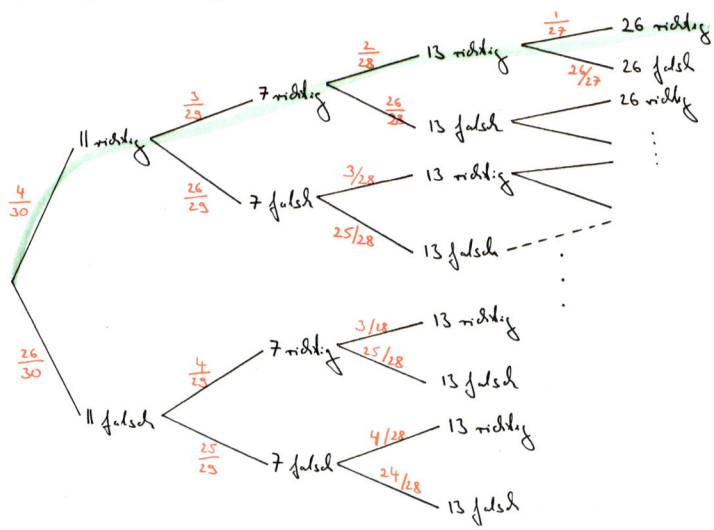

Der obere Pfad beschreibt die Ziehung von vier Richtigen. Nach der Pfadregel ergibt sich für die Wahrscheinlichkeit eines Volltreffers

$$\frac{4 \cdot 3 \cdot 2 \cdot 1}{30 \cdot 29 \cdot 28 \cdot 27}.$$

3.6 Ziehen mit Zurücklegen – Bingo

Der Lehrer wirft fünfmal eine Münze und gibt die obenliegende Seite bekannt. Zuvor schreiben alle Schüler ihren Tipp jeweils auf einen Wettschein beispielsweise dieser Art:

Name des Spielers:					
Nummer des Münzwurfes	1.	2.	3.	4.	5.
Voraussage von „Bild" (B) oder „Zahl" (Z):					
Tipp 1:					
Tipp 2:					

Zahlt jeder vor Beginn des Spiels einen Cent ein, ist die Spannung größer. Hier gibt es $2^5 = 32$ Möglichkeiten, das entspricht ungefähr einer Klassenstärke. Die Chancen für einen Treffer stehen somit ganz gut.

Zu Beginn der Ziehung stehen alle auf. Wer den ersten Tipp richtig hatte, darf stehen bleiben, der Rest setzt sich. Wer nach fünf Runden immer noch steht, hat gewonnen.

Etwas riskanter für den Lehrer ist es, einen Tippschein mit zehn Voraussagen auszuteilen, und dem Gewinner 10 € zu versprechen. In diesem Falle gibt es $2^{10} = 1024$ Möglichkeiten. Je nachdem, wie risikoreich Sie veranlagt sind, können Sie die Anzahl der Voraussagen und den Einsatz variieren.

In jedem Falle ist es Aufgabe der Klasse, diese Anzahl der Möglichkeiten zu berechnen. Statt einer Münze kann ein Würfel geworfen werden. Natürlich ändern sich dadurch die Wahrscheinlichkeiten.

3.7 Kombinatorik

Ein kurzer Überblick: Aus einer Urne mit n Kugeln wird k-mal gezogen: Man kann mit oder ohne Zurücklegen ziehen und dabei die Reihenfolge beachten oder nicht. Insgesamt ergeben

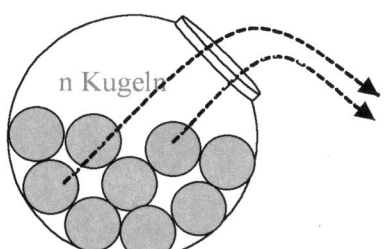

sich vier Möglichkeiten, von denen man drei in der Schule findet:

Ziehen		mit	ohne
		Zurücklegen	
mit	Beachtung der Reihenfolge	1. *Bingo* / Toto $(n)^k$	2. ~~Toto~~ $n \cdot (n-1) \cdot \ldots \cdot (n-k+1)$ bzw. $\dfrac{n!}{(n-k)!}$
ohne		3. Wird in der Schule meist nicht behandelt $\binom{n+k-1}{k}$	4. *Lotto* $\dfrac{n \cdot (n-1) \cdot \ldots \cdot (n-k+1)}{1 \cdot 2 \cdot \ldots \cdot k}$ bzw. $\binom{n}{k}$

Umsetzung:
Das Klassenzimmer stellt die Urne dar, die Schüler die Kugeln. Die Bestimmung der Anzahlen lässt sich ähnlich wie in 3.4 nachstellen: Für *k* Ziehungen werden beispielsweise vier Stühle aufgestellt. Beim *Ziehen mit Zurücklegen* legt der Schüler nur einen Gegenstand auf den Stuhl, andernfalls kann er nicht doppelt gezogen werden.

3.8 Das Gegenereignis oder die Häufigkeit von Geburtstagen

Wahrscheinlichkeiten lassen sich nur schwer abschätzen. Menschen unterliegen oft falschen Vorstellungen darüber, ob etwas häufig oder selten stattfindet. Ein Beispiel zeigt folgende Aufgabe. Wer sie nicht kennt, schätzt falsch:
Wie hoch ist die Wahrscheinlichkeit, dass mindestens zwei Schüler in einer Klasse von 30 Schülern am selben Tag Geburtstag haben? (Das Geburtsjahr wird nicht berücksichtigt.)

Lösung:
Viel leichter ist es, das Gegenereignis zu berechnen: *Wie hoch ist die Wahrscheinlichkeit, dass alle Schüler an unterschiedlichen Tagen Geburtstag haben?*
Das Klassenzimmer wird in zwei Hälften aufgeteilt, die durch eine Tür (Durchgang zwischen zwei Tischen) verbunden sind. Eine Zone stellt einen zunächst leeren Kalender dar, in diesen werden alle Geburtstage eingetragen. Der erste Eintrag findet auf jeden Fall Platz. Alle 365 Tage sind noch frei.

Kapitel 3 *Wahrscheinlichkeit*

Die zweite Person hat nur noch 364 Möglichkeiten, ein Platz ist ja bereits besetzt. Die Wahrscheinlichkeit, dass ihr Geburtstag nicht mit der ersten übereinstimmt beträgt $\frac{364}{365}$. Für den nächsten Eintrag bleiben nur noch 363 Stellen frei, diese Wahrscheinlichkeit ist demnach $\frac{363}{365}$. Und so weiter. Ein Ziehen ohne Zurücklegen und *ohne Beachtung der Reihenfolge*:

$$\frac{365}{365} \cdot \frac{364}{365} \cdot \frac{363}{365} \cdot \frac{362}{365} \cdot \ldots \cdot \frac{336}{365} \approx 0{,}294 = 29{,}4\,\%$$

Die Chance des Gegenereignisses, dass *keine zwei Personen* am selben Tag Geburtstag haben, beträgt also nur 29,4 %. Demnach ist die gesuchte Wahrscheinlichkeit 70,6 % und wird fast immer zu tief geschätzt. Vielleicht liegt es an der Verwechslung mit der Frage, wie hoch die Wahrscheinlichkeit ist, dass zwei Personen an einem *bestimmten* Tag Geburtstag haben. Vielleicht. Vielleicht auch nicht, denn nach dem Nachspielen, Durchrechnen, hört man immer noch Argumente, die mit „aber trotzdem ..." beginnen.

Zum Schluss noch eine Tabelle zum Ablesen der Wahrscheinlichkeit für die jeweilige Klassenstärke:

Eintrag Nr. bzw. Schülerzahl	freie Plätze	Wahrscheinlichkeit für jeweiligen Eintrag	Gegenwahrscheinlichkeit	Gesuchte Wahrscheinlichkeit
(1)	(365)	(1)	(100,00 %)	(0,00 %)
2	364	364/365	99,73 %	0,27 %
3	363	363/365	99,18 %	0,82 %
4	362	362/365	98,36 %	1,64 %
5	361	361/365	97,29 %	2,71 %
6	360	72/73	95,95 %	4,05 %
7	359	359/365	94,38 %	5,62 %
8	358	358/365	92,57 %	7,43 %
9	357	357/365	90,54 %	9,46 %
10	356	356/365	88,31 %	11,69 %
11	355	71/73	85,89 %	14,11 %
12	354	354/365	83,30 %	16,70 %
13	353	353/365	80,56 %	19,44 %
14	352	352/365	77,69 %	22,31 %
15	351	351/365	74,71 %	25,29 %
16	350	70/73	71,64 %	28,36 %
17	349	349/365	68,50 %	31,50 %
18	348	348/365	65,31 %	34,69 %
19	347	347/365	62,09 %	37,91 %
20	346	346/365	58,86 %	41,14 %
21	345	69/73	55,63 %	44,37 %
22	344	344/365	52,43 %	47,57 %
23	343	343/365	49,27 %	50,73 %
24	342	342/365	46,17 %	53,83 %
25	341	341/365	43,13 %	56,87 %
26	340	68/73	40,18 %	59,82 %
27	339	339/365	37,31 %	62,69 %
28	338	338/365	34,55 %	65,45 %
29	337	337/365	31,90 %	68,10 %
30	336	336/365	29,37 %	70,63 %
31	335	67/73	26,95 %	73,05 %
32	334	334/365	24,67 %	75,33 %
33	333	333/365	22,50 %	77,50 %
34	332	332/365	20,47 %	79,53 %
35	331	331/365	18,56 %	81,44 %

3.9 Additionssatz

Lehrer und Schüler legen zwei Ereignisse fest, beispielsweise
A: Schüler trägt im Augenblick schwarze Socken
B: Schüler ist Teetrinker
Mit der Information, dass in der Klasse acht Schüler Schwarze-Socken-Träger sind und fünf Schüler Tee trinken, soll – falls möglich – die Anzahl der Teetrinker bestimmt werden, die schwarze Socken tragen. Andernfalls ist ein Grund anzugeben, warum die Angabe einer konkreten Lösung nicht möglich ist.

Lösung:
Die Aufgabe ist tatsächlich nicht lösbar. Für den Additionssatz gilt:
$P(A) + P(B) = P(A \cup B) + P(A \cap B)$. Die Anzahl der Schüler lässt sich abzählen, wir nehmen an, es wären 30. Damit ist
$P(A) = \frac{8}{30}$ und $P(B) = \frac{5}{30}$.
Sowohl die Wahrscheinlichkeit dafür, dass mindestens ein Ereignis eintritt $P(A \cup B)$, wie auch dass beide gleichzeitig eintreten $P(A \cap B)$ fehlen. Das kann anschaulich dargestellt werden:

Das Klassenzimmer wird in zwei sich überlappende Bereiche eingeteilt. In einem befindet sich ein schwarzer Socken, im anderen eine Tasse Tee. Wer in der Mitte steht hat beide Eigenschaften, wer *am Platz sitzen bleibt*, hat keine der beiden Eigenschaften.

| *Kapitel 3* | *Wahrscheinlichkeit* |

In unserem Beispiel gibt es zwei Überlappungen.
Rechnet man P(A) + P(B), werden diese doppelt gezählt.
Alternativ kann das Ereignis Teetrinken durch *die Körperhaltung* dargestellt werden: Teetrinker stehen, Nicht-Teetrinker sitzen. Schwarze Socken können *räumlich* kodiert werden: Die mit Socken gehen nach vorne, die anderen nach hinten im Klassenzimmer.

3.10 Binomialverteilung

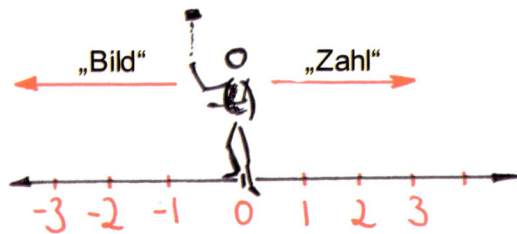

Eine Person wirft eine Münze: Bei „Bild" geht sie einen Schritt nach links, bei „Zahl" entsprechend nach rechts.
Wo steht der Spieler nach 100 Würfen? Eine naheliegende Antwort wäre: *„An der Stelle 0, wenn die Wahrscheinlichkeit für „Bild" exakt 0,5 ist, dann läuft er genauso oft nach links wie nach rechts."*

Andererseits hat man das Gefühl, dass es höchst unwahrscheinlich ist, dass er nach dem vielen Hin und Her genau wieder an der *Stelle 0* herauskommt.
Das beschriebene Vorgehen entspricht dem Fallen einer Kugel in einem Galton-Brett.

Bildquelle:
freie Enzyklopädie
Wikipedia

Umsetzung:
Die Abfolge von Standbildern entspricht der *Brownschen Molekularbewegung*. Je zwei Schüler, ein *Zufallsgenerator* und ein *Brownsches Teilchen* arbeiten zusammen. Letztere stellen sich in einer Reihe hintereinander auf, die anderen besorgen sich eine Münze.

Der *Zufallsgenerator* zählt die Anzahl seiner Münzwürfe: Bei „Bild" geht sein Läufer einen Meter nach links, bei „Zahl" nach rechts. Hier das Ergebnis nach 30 Würfen:

Kapitel 3 *Wahrscheinlichkeit*

Für ein solches Standbild müssen alle Teilchen nach 30 Münzwürfen inne halten. Hier die Verteilung nach 100 Würfen:

Zählt man die „Zahlwürfe" als Erfolg, also nur die Schritte nach rechts, so ergibt sich ein Erwartungswert von 50 Schritten. (Bei $n = 100$ und bei einer Wahrscheinlichkeit für „Bild" von $p = 0{,}5$ berechnet sich dieser zu $\mu = n \cdot p = 100 \cdot 0{,}5 = 50$.) Demnach kann die *Stelle 0* durch den Erwartungswert 50 ersetzt werden. Entsprechend steht die *Stelle 1* für 51 Erfolge. Und so weiter. Damit gilt die Formel für Bernoulli

$$P(X = k) = \binom{n}{k} \cdot p^k \cdot q^{n-k}$$ für den Spezialfall $p = q = 0{,}5$.

Binomialverteilung für Trefferwahrscheinlichkeiten $p = \dfrac{1}{2}$ und $p = \dfrac{1}{6}$

Ist man weniger an der *Brownschen Molekularbewegung* interessiert und möchte die Streuung um „0" gar nicht zeigen, bietet sich die Form eines „Wettlaufes" an. Alle Schüler starten bei Null und werfen $n = 100$-mal eine Münze.

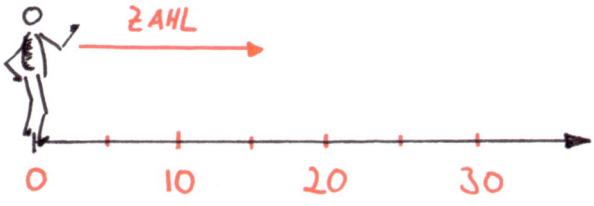

Bei jedem Treffer wird eine Fußlänge vorgerückt. Eine bereits aufgezeichnete Skala bringt Genauigkeit.

Statt einer Münze kann ein Würfel geworfen werden. Es kann das Werfen einer *Sechs* als Treffer gedeutet werden, wie auch einer *Fünf oder Sechs*. Je nachdem erhält man Binomialverteilungen zu $p = \frac{1}{6}$ oder $p = \frac{1}{3}$.

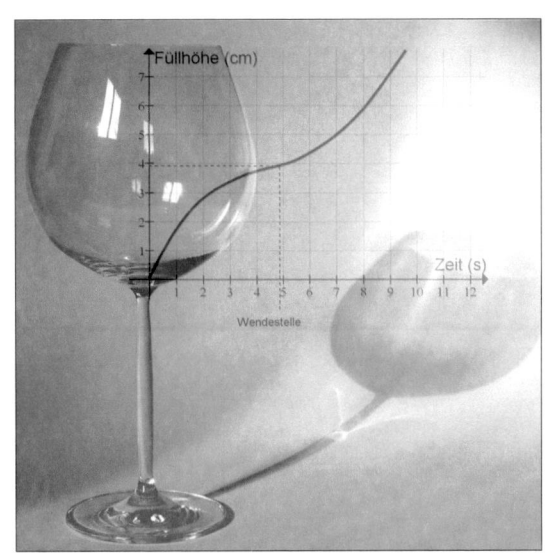

Teil I
Mathematische Inhalte

Kapitel 4
Funktionen

4.1 Die Funktion als „Black Box"

Funktionen sind abstrakt. Ist es möglich, einem dreijährigen Kind den Funktionsbegriff beizubringen? Ich bin mir nicht ganz sicher, ob mein Sohn es damals in der vollen Tragweite verstanden hat, zumindest formulierte er beim Abendessen:
„Hier geht's rein, und unten kommt's wieder raus."
Die Wirkungsweise einer Funktion findet sich im Alltag wieder: *Input* und *Output* sind naheliegende Begriffe.

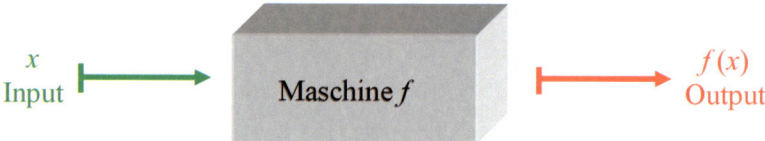

Die Idee des Zuordnens, genauer des *eindeutigen Zuordnens*, ist von grundlegender Bedeutung. Statt also gleich auf Zahlen überzugehen, sollen die Schüler erst Dinge aus ihrem Alltag als Funktion betrachten. Häufige Beispiele sind:
- Toaster: Hinein kommt das helle Brot und heraus das knusprige.
- Waschmaschine: Schmutzige Wäsche rein, saubere raus.
- Kaffeefilter: Gemahlene Kaffeebohnen und heißes Wasser rein, Kaffee raus.
- Rasenmäher: Langes Gras rein, kurzes raus.

Meist gibt das eigene Auffinden von Funktionen Anlass zu Diskussionen. Beispielsweise stellt der *Rasenmäher* eine Streitfrage dar: Werden die Stücke der einzelnen Grashalme als *Output* gedeutet, dann ist die Eindeutigkeit der Funktion nicht mehr gewährleistet. Um den Funktionsbegriff richtig anzuwenden, müssen *alle Stücke eines Grashalms* als eine Einheit angesehen werden.

f steht für Fridolin

Etwas Anschaulichkeit: Im Inneren der Maschine lebt *Fridolin*: Gibt man ihm irgendetwas in seine Hände (Input), beispielsweise ein „x", so umklammert er es (x). Die Klammern stehen also stellvertretend für seine Hände. Nun macht er irgendetwas mit unserem x, er verändert es. Damit man sehen kann, *wer* dieses x verändert hat, wird Fridolins erster Buchstabe hinzugeschrieben: $f(x)$.

So sehr auch diese Einführung an ein Comic erinnert, so stark ist sie auch. Hier bekommt etwas sehr Abstraktes etwas Persönliches. Denken Sie an *Hugo, den Halbierer* $h(x) = \frac{1}{2} \cdot x$, oder an *Qualle, den Quadrierer* $q(x) = x^2$. Aber auch die Eindeutigkeit der Funktion ist gewährleistet: So kann Fridolin alles platt machen ($f(x) = 0$), andererseits kann er nicht ein und dasselbe Ding auf zwei verschiedene Arten behandeln, wenn er die Dinge nacheinander bekommt. Weiter ist die Verkettung von Funktionen mit dieser Boxenmethode einfach darzustellen. Erst macht *Fridolin* irgendetwas ($f(x)$) und gibt es danach an *Hugo* weiter: $g(x) = h(f(x))$. Der Definitionsbereich entspricht dem, was man *Fridolin* alles geben kann (ohne dass er und Hugo davon Bauchweh bekommen).

Natürlich können Sie auch ohne Fridolin und Co. das Modell weiter ausbauen: So lässt sich der Definitionsbereich beispielsweise als TÜV darstellen: Nicht mehr alle Zahlen sind zugelassen.

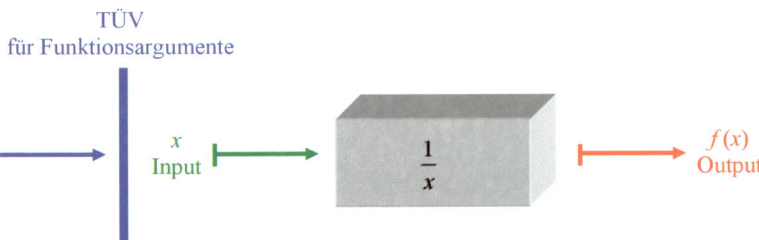

In diesem Beispiel $f(x) = \frac{1}{x}$ werden vom TÜV alle Argumente außer der „0" zugelassen.

4.2 Wirkungsweisen von Funktionen

Zwei Tische werden aneinander gerückt und je eine Funktion (Schüler) nimmt darauf Platz. Für die Funktionsargumente werden Stifte gesammelt, Streichhölzer tun es gegebenenfalls auch. Diese liegen als Materiallager verdeckt hinter den Funktionen. Der Lehrer flüstert jeder Funktion – unhör-

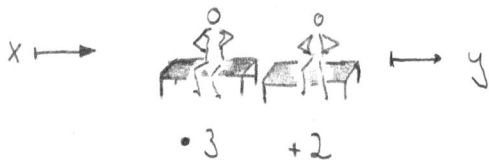

bar für den Rest der Klasse – einen Auftrag zu. Zum Beispiel: Nummer eins soll immer die dreifache Anzahl an Stiften weitergeben, Nummer zwei soll stets zwei hinzufügen.

Vor den Augen der Zuschauer wird der zusammengesetzten Funktion ein Stift (x-Wert) gegeben, nach einiger „interner" Verarbeitungszeit kommen fünf Stifte (y-Wert) heraus. In Kurzschreibweise: $f(1) = 5$. Ist damit die Funktion schon eindeutig bestimmt? Die Schüler bekommen eine Minute Zeit, um zu vermuten, was mit zwei Stiften passiert. Wer „9" sagt, denkt vielleicht an die Funktion $f(x) = 4x + 1$. Aber es gibt sehr viele Funktionen, genauer, unendlich viele, die $f(1) = 5$ erfüllen. Anschaulich sind es alle, die im Schaubild durch den Punkt (1|5) verlaufen. Bei der Eingabe zweier Stifte gibt die Maschine acht heraus. Ist hiermit die Funktion eindeutig bestimmt? Was würde bei der Eingabe von drei Stiften geschehen?

$f(1) = 5$
$f(2) = 8$
$f(3) = ...$

Eine Schülerin vermutet „13". Auch das macht Sinn: $f(x) = x^2 + 4$. Im Falle linearer Funktionen ist mit zwei verschiedenen x-Werten bereits alles bestimmt: $f(x) = 3x + 2$. Eine Gerade ist durch die Angabe zweier Punkte festgelegt.

4.3 Schiffe versenken oder Koordinatensysteme

Wer Schiffe versenken spielen kann, beherrscht die Koordinaten der Ebene. Statt mit B-3 bezeichnet 2-3 die Position des Schiffs: *zwei* Einheiten in x-Richtung, *drei* Einheiten in y-Richtung.

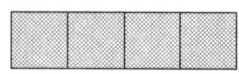

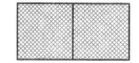

Man kann auch mit einem dreidimensionalen Koordinatensystem U-Boote versenken spielen. Natürlich stößt man auf Probleme, die mit der Darstellung des dreidimensionalen Raumes verknüpft sind. Hier ist ein Spiel mit 3 x 3 x 3 Eckpunkten aus Knetmasse und Streichhölzern zusammengesteckt. Die blauen Knetkugeln stellen die Boote dar.

Es ist etwas langwierig, solche „3 x 3 x 3–Matrizen" aufzubauen, aber genau deswegen sucht man nach einer adäquaten Darstellung des Räumlichen in der Ebene. Stellt man die Situation in Schichten bzw. in Stockwerken dar? Das erinnert an die Höhenlinien auf Landkarten. Oder versucht man sich in Schrägbildern? Und wie führt man Koordinaten so ein, dass man auch spielen kann?

4.4 Figurentheater an der Tafel[2]

Die Bedeutung von *x*- und *y*-Wert: Der Gleitschirmflieger Fridolin hatte an der Stelle *x* die *Höhe f(x)*. Jetzt liegt er *an der Stelle x*:

Die Veranschaulichung der Flughöhe mittels $f(x)$ erweist sich bei Schnittpunkten von Schaubildern als dankbar: Unfälle geschehen an den *Stellen*, an denen sowohl Flieger *f* als auch Flieger *g* dieselbe Höhe besitzen: $f(x) = g(x)$.
Weiter kann die *x*-Achse als Wasseroberfläche betrachtet werden. Vielleicht sind *fliegende Fische* zur Illustrierung geeigneter als Gleitschirmflieger, wobei die Schüler im Allgemeinen keine Schwierigkeiten mit Unterwasserflügen haben. In jedem Falle kann $f(x) = 0$ als Ein- oder Auftauchen gedeutet werden, also die Stellen *x*, an denen die Höhe verschwindet.

4.5 Lineare Zuordnungen – Funktionen im Glas

Ein leeres, zylinderförmiges Glas wird mit Wasser gefüllt.
Trägt man die Füllhöhe über der Zeit auf, erhält man das Schaubild einer linearen Funktion. Ein schlankeres Glas oder ein weiter aufge-

---

[2] Vergleiche auch Martin Kramer: *Schule ist Theater*. Schneider, Hohengehren 2008

| Kapitel 4 | Funktionen |

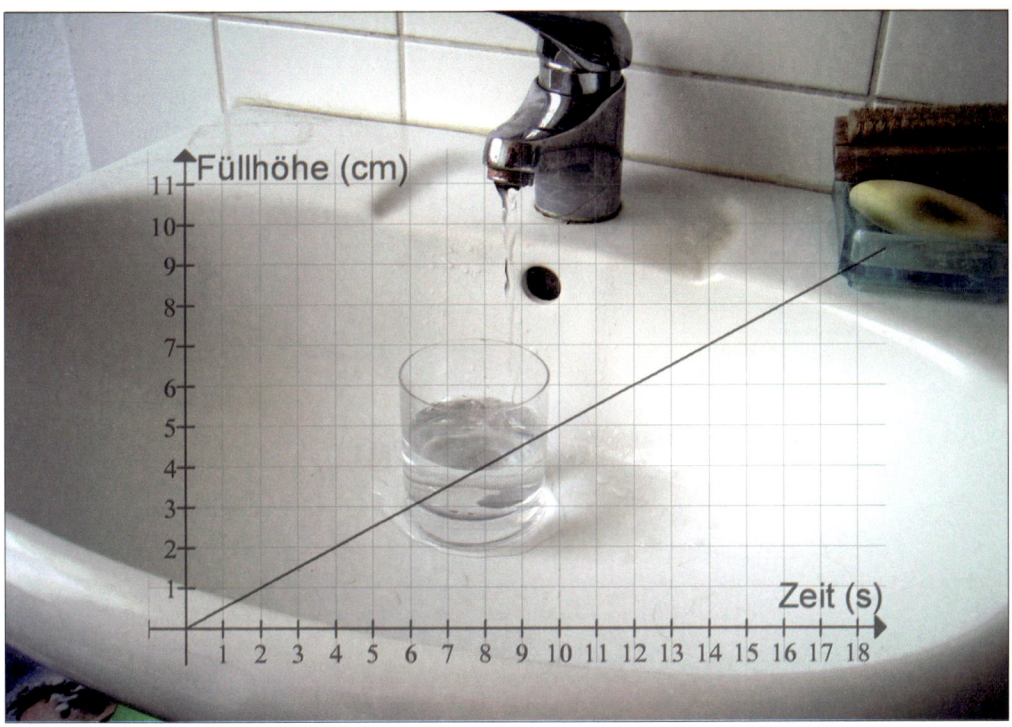

drehter Wasserhahn ergibt eine steilere Gerade. Anschaulich bedeutet die Veränderung der Wasserstrahlstärke eine Streckung des Schaubildes in Richtung der y-Achse. Damit das Schaubild nicht von der Strahlstärke abhängt, kann die Zuflussmenge in einer Sekunde durch das Schöpfen mit einem Schnapsglas simuliert werden. Nach dieser Methode erhält man Ursprungsgeraden mit positiver Steigung. Genauer, alle Schaubilder der Funktionen der Bauart $y = m \cdot x$ mit $m \geq 0$. Die Verallgemeinerung $y = m \cdot x + c$ mit $c, m \geq 0$ kann für positives c mit einem zu Beginn bereits teilweise gefüllten Glas demonstriert werden.
Die Analogien im Überblick:

Funktion mit $y = m \cdot x + c$	Analogie
c	Füllhöhe zum Zeitpunkt $t = 0$.
m	Wasserstrahlstärke (Zuflussgeschwindigkeit oder Änderungsrate) bzw. Glasdurchmesser
Verschiebung in y-Richtung	Änderung von c
Streckung in y-Richtung	Verkleinerung des Glasdurchmessers oder Erhöhung der Zuflussgeschwindigkeit

4.6 Steigung einer Treppe

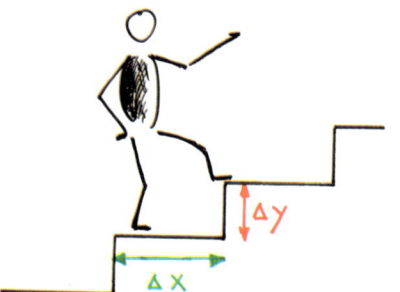

Grundlegend bei linearen Funktionen ist der Begriff der *Steigung*. Auf diesen baut später die Differentialrechnung auf, da die *Ableitung an der Stelle* x_0 nichts anderes ist als die *Linearisierung einer Funktion an der Stelle* x_0.

Die Steigung lässt sich gut mit einer Treppe einführen: Eine Treppe ist umso steiler, je mehr es *pro Schritt* bergauf geht.

Es ist offensichtlich klar, dass sich die Steigung nicht ändert, wenn man zwei oder mehr Stufen auf einmal nimmt, der Quotient aus Höhendifferenz (Δy) und Schrittzahl (Δx) ändert sich dadurch nicht.

Im nächsten Schritt werden verschiedene Treppen ausgemessen und jeweils deren Steigung berechnet. Das kann in Gruppenarbeit geschehen, ist jedoch als Hausaufgabe interessanter, weil man hinterher die unterschiedlichen Steigungen vergleichen kann. So gehören Kellertreppen oft zu den steilsten.

Im letzten Schritt wird das Koordinatensystem eingeführt und vereinbart, dass unsere Person stets in Richtung *x* läuft, also immer von links nach rechts.

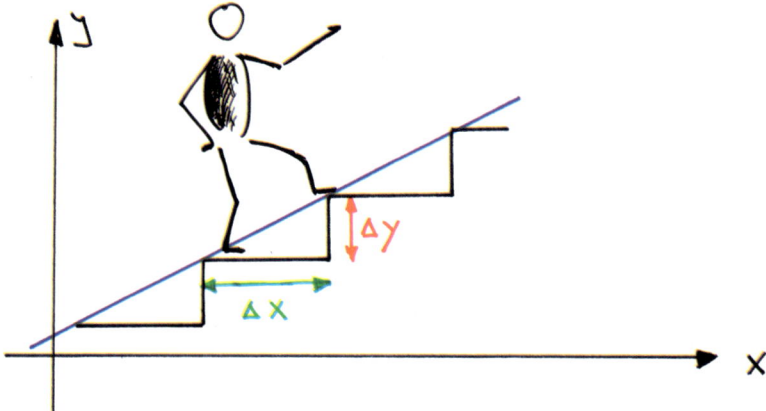

Das Schaubild zu $y = \frac{-2}{3} \cdot x$ kann jetzt mit einer Figur an der Tafel abgeschritten werden (vgl. 4.4). Hierzu geht unser Held drei Schritte nach rechts (in positive *x*-Richtung) und danach zwei Schritte nach unten (in negative *y*-Richtung). Für schwache Schüler mag die Eselsbrücke helfen, dass unter dem Bruchstrich das „*x*" (hier die „3")

steht – genau wie im Diagramm auch das x unter dem y notiert wird. Das prägt sich gut ein, trägt aber leider nichts zum Verständnis bei.

4.7 Weitere Funktionen im Glas

Die Methode aus 4.4 kann ausgeweitet werden: Gläser können verschiedene Formen haben. Ziel ist es, ohne Schnapsgläser und Wasser, den qualitativen Verlauf des Schaubildes zu skizzieren. Dies ist eine wunderbare Übung in abstraktem Denken jenseits der Zahlen. Die Schüler betrachten ein Glas und fertigen dazu ein Schaubild an. Auf den ersten Blick sind das völlig verschiedene Welten, völlig verschiedene Betrachtungsweisen, ein Uneingeweihter sieht keinen Zusammenhang:

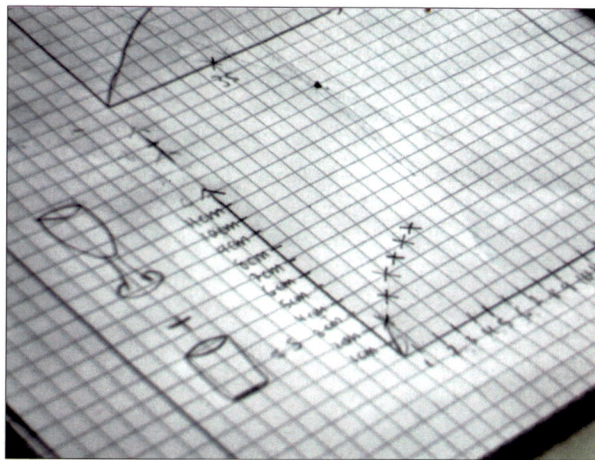

Eine Übung oder eine Unterrichtsstunde, vielleicht auch zwei:
Zwölf Tische werden zu einem kleinen 3x4-Memory im Klassenzimmer aufgestellt. Wie in einem Museum wird auf jeden Tisch ein Gefäß gestellt: Ein Wasserglas, eine Kaffeetasse, eine Müslischale, ein Sektglas, ein Weinglas, ein Weizenglas, eine Rührschüssel, eine Colaflasche, ein Tablett, ... und was Sie sonst noch alles im Lehrerzimmer finden oder die Schüler mitbringen lassen. Ein guter Tipp ist auch die Physik- oder Chemiesammlung.
Werden die Gläser mit Wasser gefüllt, so verlaufen nicht alle Schaubilder durch den Ursprung.
Die Schüler erhalten die Aufgabe, jedes Glas im Heft zu skizzieren und das zugehörige Schaubild daneben zu zeichnen. Das ist eine Übung sowohl für Klasse 7 (Einführung von Zuordnungen) als auch

| Kapitel 4 | Funktionen |

für die Oberstufe. Die hier gezeigten Gläser fanden in der Unterstufe Verwendung. In der Oberstufe kann exakter gearbeitet werden, indem die Schüler das Glas auf die y-Achse (Symmetrieachse) zeichnen. Das Beispiel zeigt den qualitativen Kurvenverlauf (Zeit → Füllhöhe) bei einem Weinglas.

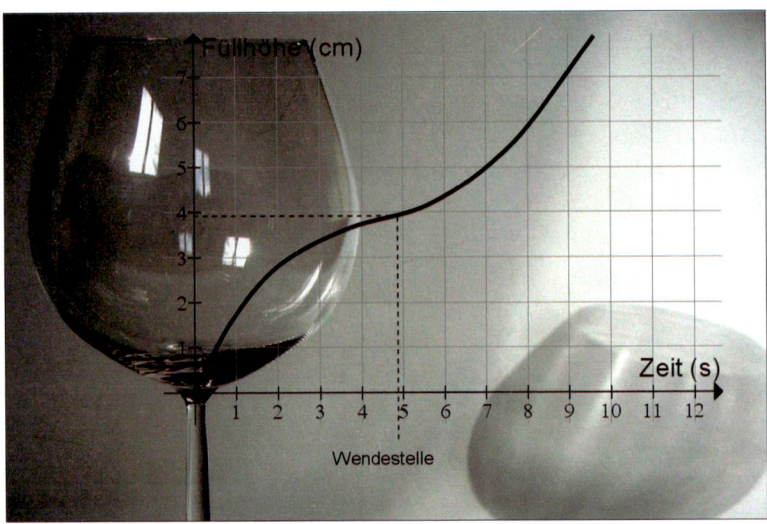

Abgesehen vom oberen und unteren Rand befinden sich an der weitesten und engsten Stelle Wendepunkte. Verjüngt sich das Glas nach oben, so wird die Kurve in diesem Abschnitt steiler. Hier deutet sich bereits an, dass in der Ableitung eine Extremstelle (dickste Stelle des Glases) zu einer Wendestelle wird. Weiter sind alle Schaubilder (streng) monoton steigend. Wenn man möchte, kann man sich klarmachen, dass die hier dargestellte Zuordnung die Umkehrfunktion einer Funktion ist, die das Rotationsvolumen beschreibt.

4.8 Potenzfunktionen und Wachstum

Exponentielles Wachstum lässt sich schlecht schätzen
Drei Beispiele zur Demonstration:
Wie oft lässt sich ein DIN-A4-Blatt (80 g) falten?

Sechs Mal!

Faltungen	0	1	2	3	4	5	... n
Papierlagen	1	$2 = 2^1$	$4 = 2^2$	$8 = 2^3$	$16 = 2^4$	$32 = 2^5$	... 2^n

Da keine Faltung genau einer Lage Papier entspricht, ergibt sich $2^0 = 1$. Das Falten lässt sich zum Gedankenexperiment ausbauen:
Angenommen, man wäre nicht durch die Papierstärke (ca. 0,1 mm) gezwungen, mit dem Falten aufzuhören. Nach sechs Faltungen würde die Dicke 6,4 mm betragen. Die mittlere Entfernung zu unserem

Mond beträgt 384 405 km. Wie oft müsste man falten, um diese Entfernung zu erreichen? Hundert Mal, Tausend Mal oder ein paar Millionen Mal?

Antwort: 42 Mal. Kaum zu glauben, wenn man nicht mathematisch vorbelastet ist. Exponentielles Wachstum wird fast immer unterschätzt, hier die Rechnung:

42 Faltungen ergeben 2^{42} Lagen Papier. Das ergibt eine Gesamtdicke von $2^{42} \cdot 0{,}1$ mm = 439 805 km.

Die Erfindung des Schachspiels oder 18 Trillionen, 446 Billiarden, 744 Billionen, 73 Milliarden, 709 Millionen, 551 Tausend und 615 Weizenkörner.
Ein weiser Mann namens Sissa hat das Schachspiel vor ca. 1 500 Jahren erfunden. Der Legende nach wollte der indische König Sheram den Erfinder belohnen. Dessen vermeintlich bescheidener Wunsch bestand „nur" aus Weizenkörnern. Auf das erste Feld sollte ein Korn, und für jedes folgende, sollte sich die Anzahl verdoppeln, also der Reihe 1 – 2 – 4 – 8 – 16 – … gehorchen. Die Situation ist hier mit Reiskörnern nachgestellt:

Die erste Reihe sieht harmlos aus. Selbst wenn man weiss, dass schlussendlich $2^{64}-1$ Körner auf dem Brett liegen. Stellen Sie sich vor, dass eine bestimmte Insektenart auf diese Weise wächst. Zu dem Zeitpunkt, in dem sich das Wachstum als Plage herausstellt, ist es oft schon zu spät für natürliche Gegenmaßnahmen. Oft erscheinen Maßnahmen, die im Moment noch nützen würden, als übertrieben und unangemessen brutal. Der Mensch reagiert häufig erst dann, wenn ihn etwas stört. Diese Tatsache ist erschreckend, wenn man beispielsweise an die Gefahr eines Klimawandels denkt. Wenn sich in unserem Beispiel die Insekten in zehn Wochen zehn Mal verdoppelt haben und beginnen, sich als Plage bemerkbar zu machen, dann gibt es eine Woche später doppelt so viele Plagegeister.

Im Klassenzimmer lassen sich die Schachfelder durch Tische repräsentieren. Die Frage, ob eine Tüte Reis oder Weizenkörner ausreicht, wird zuvor abgeschätzt. Dann werden die Körner abgezählt und ausgelegt und schließlich schreitet jeder Schüler die Körnervervielfachung entlang den Tischen ab. Wenn sich auf den Tischen nur Körner befinden und die Schüler im Hinterkopf an eine Insektenplage denken, erzielt das eine ungemeine Wirkung: Die persönliche Frage ist zu beantworten – *„Ab wann wäre ich eingeschritten?"*

Wachstumsvorgänge kann man nicht schätzen
Eine Aufgabe: Die Leitung eines kleinen Traktorenwerkes meint, dass 6 Prozent jährliches Wachstum der Produktion notwendig ist, um auf die Dauer die Existenz der Unternehmung zu sichern. Zu Beginn wurden 1000 Traktoren hergestellt. Die Punkte im Schaubild zeigen den Bestand nach 60 und 100 Jahren an. Schätze einmal, ohne viel

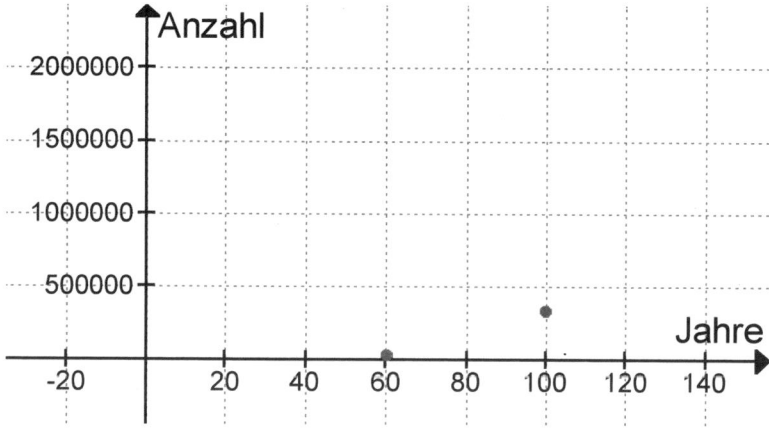

zu rechnen, wie viele Traktoren das Werk jeweils nach 40, 80, 120 und 140 Jahren herstellen muss, damit die Wachstumsrate erreicht wird. Skizziere mithilfe deiner Schätzwerte den Kurvenverlauf.

Mit fast der gleichen Aufgabe untersuchte Dietrich Dörner[3] die Fähigkeit von Menschen, exponentielles Wachstumsverhalten abzuschätzen. Hier der Originaltext der Aufgabenstellung:

„Die Leitung eines kleinen Traktorenwerkes meint, dass 6 Prozent jährliches Wachstum der Produktion notwendig ist, um auf die Dauer die Existenz der Unternehmung zu sichern. 1976 wurden 1000 Traktoren hergestellt. Schätzen Sie einmal, ohne viel zu rechnen, wie viele Traktoren das Werk jeweils in den Jahren 1990, 2020, 2050 und 2080 herstellen muss, damit die Wachstumsrate erreicht wird."

Die (berechnete) Lösung: $t \mapsto 1000 \cdot 1{,}06^t$

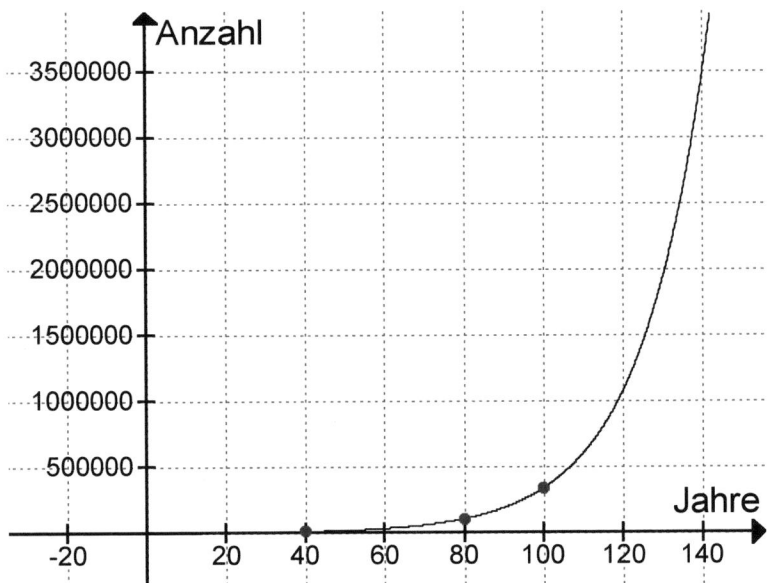

Ergebnisse aus Dörners experimentellen Untersuchungen:

„... Die geringe Fähigkeit zum Umgang mit nichtlinearen Zeitverläufen lässt sich aber nicht nur an Einzelfällen demonstrieren, sondern auch im psychologischen Experiment als allgemeines Phänomen beobachten. Hier kann man die Stärke dieser Tendenz, zum Beispiel exponentielle Wachs-

---

[3] Beispiele aus Dietrich Dörner: *„Die Logik des Misslingens"*. Reinbek bei Hamburg, 2000

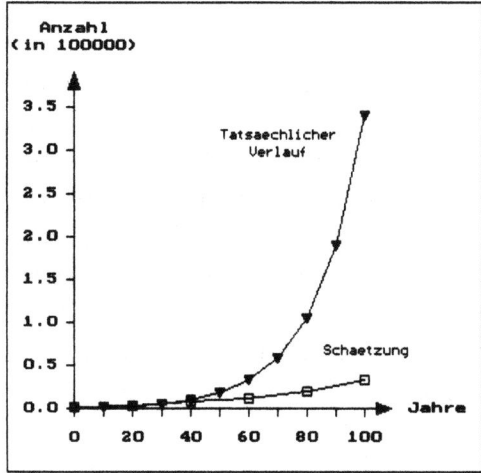

Abb. 33: Die durchschnittliche Schätzung eines Wachstums von 6 Prozent und der tatsächliche Verlauf eines entsprechenden Wachstums

tumsverläufe zu unterschätzen, noch besser abschätzen als bei den Einzelfällen, die man im Alltag zu Gesicht bekommt."

Dörner schreibt weiter: *„Aus diesem Ergebnis lässt sich ablesen, dass zum Beispiel der normale Zeitungsleser, dem ein Artikel mitteilt, die Waldschäden nähmen jährlich um 20 Prozent zu, die tatsächliche Information dieser Nachricht überhaupt nicht versteht. Er glaubt zu verstehen, aber er versteht nicht."*

Und an anderer Stelle: *„Der intuitive Umgang mit nichtlinear verlaufenden Wachstumsprozessen fällt uns allen recht schwer, und wir sind gut beraten, in solchen Fällen nicht auf Intuition, sondern eher auf die Mathematik und den Computer zu vertrauen."*

Halbwertszeit
Einfacher Zerfall
Jeder Schüler stellt einen Atomkern dar. Der *zufällige* Zerfall wird durch einen Münzwurf simuliert: Bei „Bild" explodiert der Kern und der Schüler muss sich setzen. Im nächsten Zeitschritt dürfen nur noch die stehenden Schüler ihre Münze werfen.

Zerfallsprodukte zerfallen weiter
Mit dieser Methode lassen sich auch Folgezerfälle simulieren. Beim *einfachen Zerfall* sind die Sitzenbleiber einfach ausgeschieden. Hier können die „Zerfallsprodukte" noch weiter zerfallen und müssen sich beim zweiten Mal „Bild" auf den Boden setzen.
Nach diesem Schema lässt sich eine gesamte Zerfallskaskade durchspielen: Ausgangskern: Auf dem Stuhl stehend

Tochterkern: auf dem Boden stehend
Zerfallener Tochterkern: auf dem Stuhl sitzend
Endprodukt: auf dem Boden sitzend.
Die Ergebnisse können mit einer solchen Tabelle festgehalten werden:

Zeit (in Minuten)	0	1	2	3	4	5	6	7	8	9	10	11	...
Ausgangskern													
Tochterkern													
Zerfallener Tochterkern													
Endprodukt													

Unterschiedliche Halbwertszeiten können mit „Aussetzen" simuliert werden. Hat beispielsweise der Ausgangskern eine Halbwertszeit von einer Minute und der Tochterkern eine zweiminütige, so wirft der „Tochterkern" nur jedes zweite Mal eine Münze.

Exponentieller Zerfall mit Bierschaum
In ein zylinderförmiges Glas wird lauwarmes Bier so eingegossen, dass möglichst viel Schaum entsteht.

Kapitel 4 *Funktionen*

Die Schaumhöhe h wird alle 20 Sekunden gemessen und in eine Tabelle eingetragen. Achtung: Die Schaumhöhe ändert sich „unten" und „oben"!

Zeit t (in sec)	0	20	40	60	80	100	120	140	160	180	200	220	...
Schaumhöhe h (in cm)													

Ziel ist es, den Zerfall durch eine Wachstumsfunktion zu beschreiben. Und dann kann noch die Halbwertszeit berechnet werden.
Falls obige Aufgabe zu offen gestellt ist, können Hilfen gegeben werden:
1. Zeichne das Schaubild.
2. Glätte und idealisiere das Schaubild, indem du „Ausreißer" ignorierst.
3. Wähle zwei typische Punkte aus und berechne daraus $B(0)$ und a. (Die Halbwertszeit des Bierschaums beträgt ca. 60 Sekunden, ist aber je nach Biersorte und Glas unterschiedlich.)

Logistisches Wachstum
Viele rekursive Formeln können erspielt werden. Beispielsweise das logistische Wachstum in der Form $B(t + 1) = k \cdot B(t) \cdot (S - B(t))$.

Umsetzung:
Ein Grippenvirus breitet sich aus: In einem kleinen Dorf (Klassenzimmer) ist einer der 30 Einwohner (Schüler) infiziert und es besteht die Gefahr einer Ansteckung.
Die Anzahl der Kranken beträgt $K(t)$, wobei t für die Anzahl der bereits vergangenen Tage steht. Zu Beginn, der Woche Null also, ist $K(0) = 1$, da nur

eine Person krank ist. Die Anzahl der Gesunden beträgt am Tag t: $30 - K(t)$. In der Abbildung sind bereits zwei erkrankt.

Um die Krankheit zu übertragen, müssen sich Gesunde und Kranke begegnen. Nun gibt es $K(t) \cdot (30 - K(t))$ solcher Begegnungen! Wir nehmen an, dass 10 % dieser Begegnungen stattfinden und davon 10 % den Virus tatsächlich übertragen. Insgesamt ergibt sich eine Übertragungsrate von einem Prozent ($0{,}1 \cdot 0{,}1 = 0{,}01$).

Die Anzahl der tatsächlich Infizierten beträgt demnach $0{,}01 \cdot K(t) \cdot (30 - K(t))$. Zur Realisierung im Klassenzimmer hustet ein Kranker bei jeder zehnten Begegnung. Die Gesunden zählen innerlich ständig auf zehn. Angesteckt wird nur, wer genau bei zehn angehustet wird. In regelmäßigen Abständen (eine Minute) unterbricht der Lehrer das Geschehen durch Klatschen und schreibt die momentane Anzahl der Kranken auf. Im Klassenzimmer hört man nur ein ständig zunehmendes Husten.

Um den Krankenstand des Folgetages $K(t+1)$ zu erhalten, zählt man die Neuerkrankungen $0{,}01 \cdot K(t) \cdot (30 - K(t))$ zu den Krankmeldungen zu Beginn des Tages ($K(t)$) dazu: $K(t+1) = K(t) + 0{,}01 \cdot K(t) \cdot (30 - K(t))$ – die Rekursionsformel für logistisches Wachstum.

Für $k = 0{,}01$ und $S = 30$ ergibt sich folgende Ausbreitung der Krankheit:

Woche	Anzahl der Kranken
0	1,00
1	1,29
2	1,66
3	2,13
4	2,72
5	3,47
6	4,39
7	5,51
8	6,86
9	8,45
10	10,27
11	12,30
12	14,47
13	16,72
14	18,94
15	21,04
16	22,92
17	24,54
18	25,88
19	26,95
20	27,77
21	28,39
22	28,85
23	29,18
24	29,42
25	29,59
26	29,71

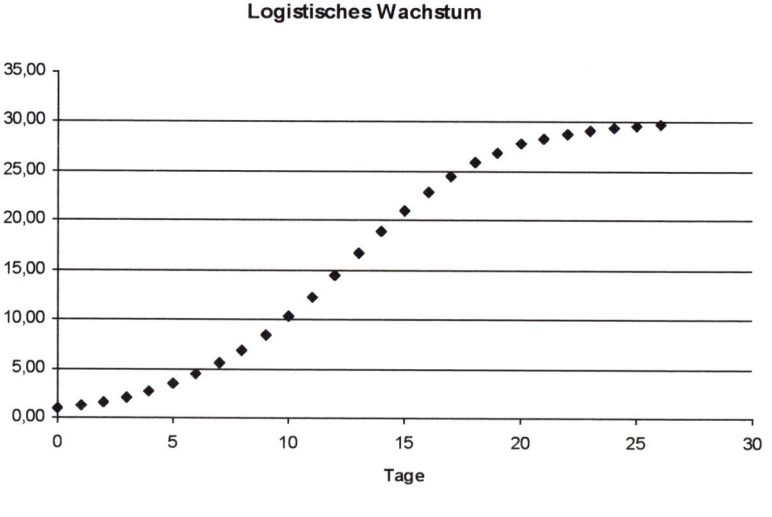

Das Nachspielen klärt die Bedeutung der Schranke S und des Parameters k. Aber auch der *Modellierungsgedanke* wird hervorgehoben, also die Beschreibung von Vorgängen mithilfe von mathematischen Modellen. Im Falle des logistischen Wachstums wurde beispielsweise keine eventuelle Genesung berücksichtigt. Ein Tag wurde mit der Zeitdauer von einer Minute realisiert. All das sind geschätzte Annahmen. *Die Einsicht, dass jeder Versuch, eine reale Entwicklung mathematisch zu beschreiben, immer ein Modell bleibt, ist ungeheuer wichtig.*

4.9 Verkettung oder Funktionen umarmen sich

$x \mapsto \sin(\sqrt{x})$. Was ist in diesem Beispiel die äußere, was die innere Funktion?

Eine Erklärungsmöglichkeit
besteht im Nachvollziehen, welche Maschinen das „x" durchlaufen hat. Kurz: Die Leidensgeschichte unseres „x". Zur Demonstration werden drei Schüler benötigt – das „x" und zwei Maschinen.

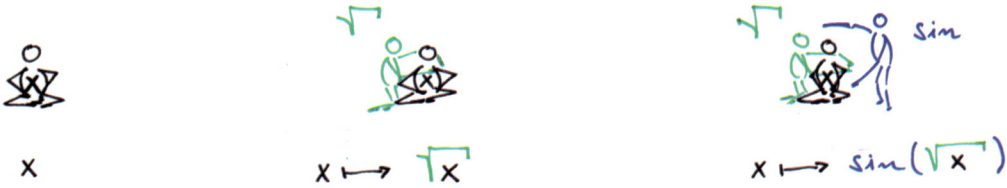

Maschine Nummer 1, in unserem Fall die Wurzel, umarmt das „x", das Ergebnis ist von allen ersichtlich: $\sqrt{x}$. Maschine Nummer 2 wird mit dem gesamten Paket gefüttert, konkret: $\sqrt{x} \mapsto \sin(\sqrt{x})$, aber sie macht nichts anderes als den Sinus zu berechnen $\tilde{x} \mapsto \sin(\tilde{x})$. Die *äußerste* Umarmung stellt die *äußere Funktion* dar.

Die Reihenfolge der Funktionen darf im Allgemeinen nicht vertauscht werden. $x \mapsto \sqrt{\sin(x)}$ ist eine andere Funktion. In der Demonstration ist es nicht egal, wer zuerst umarmt.

4.10 Schaubilder als Standbilder

Ausgestreckte Arme lassen sich als Schaubild einer Funktion deuten. In der folgenden Abbildung stellen die Schüler den Graph von $x \mapsto \frac{1}{2}x$ dar. Hierzu hat der Lehrer ein leeres Koordinatensystem zur Orientierung an die Tafel gezeichnet. Hier sollte auf Exaktheit

großen Wert gelegt werden: $x \mapsto \frac{1}{2}x$ ist nicht $x \mapsto \frac{1}{4}x$. Bei dieser Technik hat der Lehrer eine unmittelbare Lernzielkontrolle.

Schaubilder linearer Funktionen
Verschieben eines Graphen in y-Richtung wird tatsächlich zu einem „Erkenntnisschritt". Meist steigt erst ein Schüler auf seinen Stuhl und „reißt" so die anderen mit:

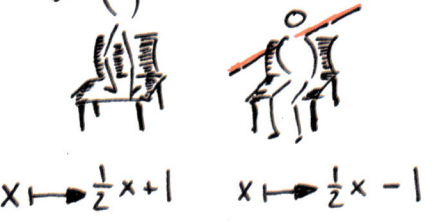

Verschieben eines Schaubildes in y-Richtung
Die Schüler erkennen ohne Hilfe, was „eins mehr" bzw. „eins weniger" bedeutet: hinsitzen – aufstehen – auf den Stuhl steigen – auf den Tisch steigen.
Parabeln eignen sich ebenfalls sehr gut:

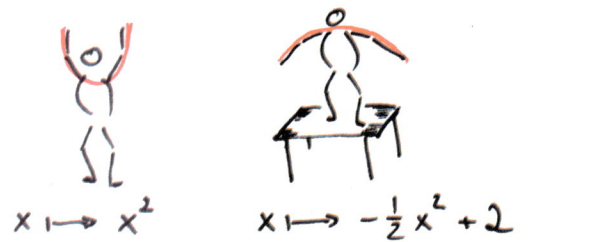 

Darstellung von Parabeln
Die Darstellung von $x \mapsto -\frac{1}{2}x^2 + 2$ ist ein Erlebnis: Alle Schüler stehen wie Adler auf den Tischen und lassen ihre Schwingen nach unten hängen. Bei quadratischen Funktionen kann so die Verschiebung in y-Richtung, die Streckung und die Spiegelung an der x-Achse gezeigt werden. Die Verschiebung in x-Richtung stellt ebenfalls kein Problem dar.

Um die Wirkungsweise der Verschiebungen zu demonstrieren, kann man jeden Schüler ein eigenes Schaubild darstellen lassen. Jeder Schüler (jedes Schaubild) erfährt dann dieselbe Verschiebung: Der Mechanismus hängt also nicht vom speziellen Graphen ab. So kann das gelernte Konzept sehr einfach auf beliebige Schaubilder übertragen werden.

4.11 Teamtraining mit Schaubildern

Auf dem Fußboden wird mit Kreppband ein Koordinatensystem markiert. Während der gesamten Übung herrscht Redeverbot. Der Lehrer nennt eine Zuordnungsvorschrift, z. B. $y = x$; $y = \frac{1}{2}x$ oder $y = x^2$.

Seite 126 zeigt das Schaubild von $y = \frac{1}{x^2}$.

Diese Übung ist schwerer als die in 4.10 verwendete Technik. Aus dem Stegreif wird diese Übung nur schwer klappen. Alleine zu handeln, ist einfacher, das gemeinsame Agieren als Gruppe beinhaltet ein *Denken in der Gruppe* und muss erst gelernt werden. Auf der ande-

ren Seite sind diese Übungen aus gruppendynamischer Perspektive kaum zu übertreffen: Die Gruppe kommt nur als Gruppe zum Ziel. Außenseiter gibt es aufgrund der Aufgabenstellung nicht.
Hilfreich sind folgende „Warming up's", die gerne als Hinführung zum Nachstellen der Schaubilder verstanden werden können.
Alle gehen schweigend kreuz und quer (nicht im Kreisgang) durch den Raum. Sobald der Lehrer stehen bleibt, bleiben schlagartig alle stehen. Das erste Mal wird das ein paar Sekunden dauern. Ist nach ein paar Anläufen ein gleichzeitiges Verharren aller erreicht, gibt der Lehrer seine Führerschaft ab: Sobald *irgendein* Schüler anhält, müssen alle stoppen. Die Übung ist dann geglückt, wenn ein Außenstehender nicht mehr entscheiden kann, wer den Impuls zum Stoppen bzw. zum Weitergehen gegeben hat, dass also die Klasse als Einheit agiert. Noch ein Tipp: Meist will nach kurzer Zeit jeder einmal der „Stopper" sein, was zur Folge hat, dass gar nicht mehr gelaufen wird. Die Vereinbarung, dass zwischen Anlaufen und Stoppen zehn bis fünfzehn Sekunden liegen sollen, hilft.
In der Folgeübung gibt der Lehrer einfache Figuren vor, die die Schüler ohne zu sprechen, in möglichst kurzer Zeit, gemeinsam nachstellen sollen. Eine einfache Figur ist beispielsweise ein Kreis. Ein Quadrat und ein gleichseitiges Dreieck sind schon schwieriger. Es folgen Buchstaben wie „X", „P" oder ein „A". Ein Fragezeichen ist schon schwieriger, die Zahl „13" noch anspruchsvoller. Als Spiel-

leiter wird man Exaktheit einfordern und an die Grenze der Gruppe gehen, aber nicht darüber hinaus.

Im dritten Schritt markiert man mit Schnur, Kreide oder Kreppband ein Achsenkreuz auf dem Boden und fährt die Übungen mit Zuordnungsvorschriften fort, wie am Anfang des Abschnitts beschrieben. Interessant sind vor allem die Veränderungen einzelner Parameter. Stellen die Schüler beispielsweise das Schaubild zu $y = x$, so können die Schüler die Wirkung eines Faktors erfahren: $y = \frac{1}{2} x$.

$y = \frac{1}{2} x - 1$ lässt die Klasse gemeinsam einen Schritt in negative y-Richtung gehen.

Analog können die Schaubilder zu $y = a(x - b)^2 + c$ behandelt werden.

Mitunter ist es besser, wenn die Klasse zweigeteilt wird: Jeweils eine Gruppe stellt eine Aufgabe. Wie zuvor herrscht während der Übung absolute Stille.

Wenn das Schaubild exakt dargestellt wurde und die Aufgabensteller zufrieden sind, wird die Lösung durch Klatschen honoriert. Danach wird das Achsenkreuz, die Bühne, den anderen zur Verfügung gestellt. Und so weiter.

Man beachte, dass bei dieser Methode nicht der Lehrer *beschult*. Er ist weder der Aufgabensteller, noch der, der immer Schwereres abverlangt. Die Schüler selbst erhöhen das Niveau, versuchen sich gegenseitig Fallen zu stellen und erfinden Problemstellungen, die ihnen selbst schwierig erscheinen. Die Rolle des Lehrers ist die eines Spielleiters und Regelhüters. Vergleiche hierzu auch das Kapitel über *Rollenwechsel* im zweiten Teil dieses Buches.

Spiegelungen und Symmetrieeigenschaften

Das Konzept kann ebenso gut auf Spiegelungen angewendet werden. Das Minuszeichen vor dem gesamten Funktionsterm lässt den Schüler ins Negative wandern: Also die Spiegelung des Schaubildes an der *x*-Achse.

Verändert jeder Schüler seine Koordinaten $(x \mid y)$ zu $(-x \mid y)$, dreht also das Vorzeichen des *x*-Wertes von seinem Standpunkt um, so erfährt er eine Spiegelung an der *y*-Achse.

Achsensymmetrie

Symmetrie bezüglich der *y*-Achse kann mit einem Rollentausch demonstriert werden: Der Schüler an der Stelle „*x*" tauscht mit seinem Partner bei „-*x*". Dabei tauschen die einzelnen Punkte, das Schaubild als ganzes bleibt aber. Damit ist die Symmetriebedingung $f(x) = f(-x)$ gezeigt.

Punktsymmetrie

Die Bedingung $f(x) = -f(-x)$ kann analog behandelt werden.

4.12 Magnete und Post-it's

Alternativ zu 4.11 können Magnete oder selbstklebende Zettel die Schüler an der Tafel vertreten.

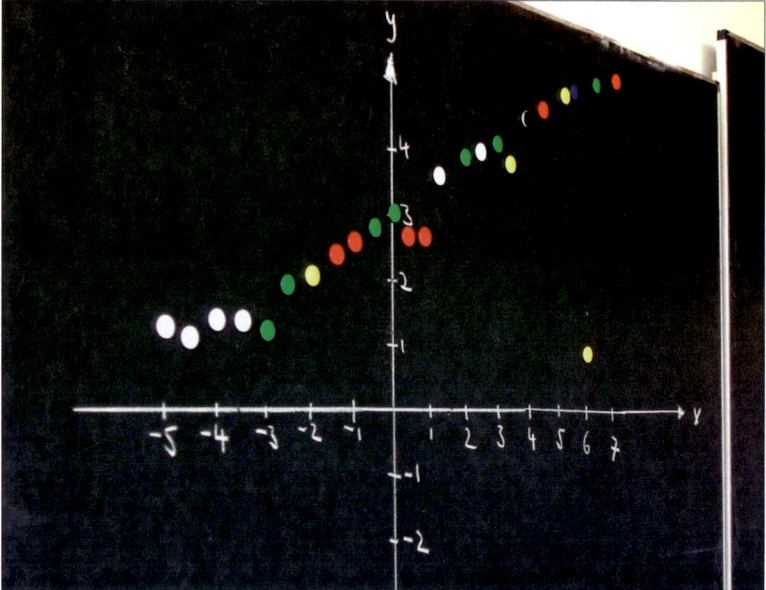

Kapitel 4 *Funktionen*

Jeder Schüler erhält einen Magnet (bzw. bei nicht magnetischen Tafeln einen selbstklebenden Zettel). Der Lehrer schreibt eine Zuordnungsvorschrift an die Tafel. Jeder Schüler sucht sich eine Zahl zwischen – 4,5 und + 5,5 aus und berechnet den Funktionswert. Danach platziert er seinen Magneten im Koordinatensystem an der Tafel.

Möchte man, dass die *x*-Werte gleichmäßig durchlaufen werden, lasse man die Klasse ab – 5 in 0,5-Schritten hochzählen. Also: – 5; – 4,5; – 4; …

4.13 Winkelfunktionen und Zeigerdiagramme

Die Sinusfunktion im Bogenmaß anhand eines Fahrrades

Material: Zollstöcke oder Maßbänder und genügend Kreide für jede Gruppe, Kreppband.

Mithilfe des Fahrrades wird die Sinusfunktion in Anlehnung an das Zeigerdiagramm konstruiert. Es wird die Höhe des Ventils über der Nabe gemessen. Um auch die negativen Werte zu veranschaulichen, ist die Vorstellung hilfreich, dass der Radfahrer durchs Meer fährt und zwar so, dass die Nabe das Wasser berührt:

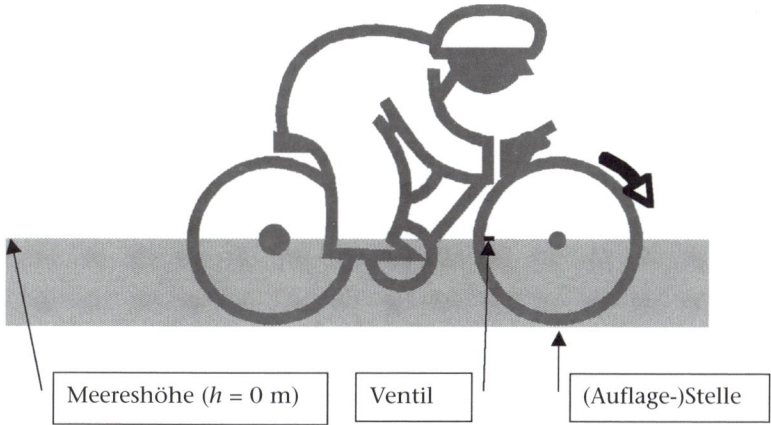

Meereshöhe (h = 0 m)   Ventil   (Auflage-)Stelle

Oberhalb des Wassers wird die Höhe des Ventils positiv, unterhalb negativ gezählt.

Zu Beginn wird ein Achsenkreuz mit langer x-Achse gezeichnet, oder einfacher mit Kreppband abgespannt. Das Vorderrad wird zu Beginn auf die Stelle des Ursprungs gestellt.

Die Position des Ventils ist wie in der Abbildung oben, also Höhe Null, und gegen die Fahrtrichtung weisend.

Nun wird das Fahrrad wenige Zentimeter nach vorne geschoben. Infolgedessen wandert das Ventil ein Stück nach oben. Diese Höhendifferenz wird genau über der Stelle des Vorderrades aufgezeichnet. Auf diese Weise rollt das Rad Stück für Stück die *x*-Achse ab. Hier das Ergebnis:

Es bleibt noch zu klären, warum hier das Schaubild der Sinusfunktion entstanden ist:

Auf dem Foto ist das zentrale Dreieck mit Kreppband eingezeichnet. Das Rad hat sich gegenüber der Anfangsposition bereits um ein Achtel weitergedreht. Der Abstand Nabe – Ventil (oder genauer: Nabe – Mantel) beträgt eine Längeneinheit. Der Sinus des überstrichenen Winkels entspricht somit genau der Ventilhöhe bzw. der Länge der Gegenkathete:

$$\sin(x) = \frac{\text{Gegenkathete}}{\text{Hypotenuse}} = \frac{\text{Gegenkathete}}{1}.$$

Bei der Konstruktion denkt der Schüler aufgrund des Abrollvorgangs „von sich aus" im Bogenmaß, ohne dass es konkret formuliert wird. Man kann also unmittelbar danach das Bogenmaß einführen.

Kosinusfunktion

Die Kosinusfunktion erhält man, wenn man statt der Gegenkatheten die Ankathete misst und diese dann im Diagramm über x aufträgt. Genausogut kann man analog zur Konstruktion der Sinusfunktion vorgehen, allerdings muss hier das Ventil zu Beginn nach oben zeigen.

Da in beiden Fällen dasselbe Schaubild entsteht, erhält man als Ergebnis folgende Gleichung:

$$\sin\left(x + \frac{\pi}{2}\right) = \cos(x) \quad \text{bzw.} \quad \sin(\alpha + 90°) = \cos(x).$$

Periode, Amplitude, Phase und Verschiebungen

Dass die **Periode** einer vollständigen Radumdrehung entspricht, versteht sich von selbst. Lautet der Arbeitsauftrag, dass die Gruppen über zwei Radumdrehungen hinweg die Sinusfunktion aufzeichnen sollen, hören sie trotzdem fast immer nach einer auf, da „es wieder auf genau dasselbe herausläuft". Die Notation $\sin(x) = \sin(x + 2\pi)$ lässt sich somit einfach deuten: Befindet sich das Rad an einer beliebigen Stelle x, und dreht man es genau um eine Umdrehung weiter ($x + 2\pi$), so hat das Ventil wieder dieselbe Höhe, also $\sin(x) = \sin(x + 2\pi)$.

Statt das Ventil zur Abstandsbestimmung zu verwenden, kann an einer Speiche ein kleines Stück Kreppband oder Knete befestigt werden. Verfolgt man die Höhe dieses Punktes, der beispielsweise genau zwischen Nabe und Mantel liegt, erhält man eine Funktion mit nur halber **Amplitude**. Die Periode ändert sich verständlicherweise nicht.

Der letzte Abschnitt entspricht der Streckung einer Sinusfunktion in y-Richtung. Die **Streckung in x-Richtung** kann mithilfe eines Fahrrades mit Gangschaltung auch noch demonstriert werden. Je nach eingestelltem Gang legt man mit einer Pedalumdrehung eine andere Strecke zurück. Aufzuzeichnen wäre jetzt die Höhe eines Pedals über dem Tretlager.

Die Phase entspricht der **Verschiebung in *x*-Richtung**. Ohne es zu benennen, ist bei der Behandlung der Kosinusfunktion die Phase bereits aufgetaucht. So gilt:

$$\sin\left(x + \frac{\pi}{2}\right) = \cos(x),$$

mit anderen Worten: Die Sinusfunktion unterscheidet sich von der Kosinusfunktion nur durch die Phase $\frac{\pi}{2}$. Allgemein kann die Stellung des Ventils um jeden Winkel φ vor Beginn der Konstruktion des Schaubildes weitergedreht werden. Demnach entspricht das Schaubild der Funktion $x \mapsto \sin(x + \varphi)$ der um φ Einheiten (Bogenmaß) nach links verschobenen Sinusfunktion. Das Ventil war bereits vor der Stelle $x = 0$ auf Meereshöhe.

Der Vollständigkeit wegen noch die **Verschiebung in *y*-Richtung**. Hier müsste das gesamte Rad hochgehoben werden.

Zeigerdiagramme

Die Einführung der Winkelfunktionen über das Umlaufen eines Fahrradventils entspricht der Projektion eines umlaufenden Zeigers:

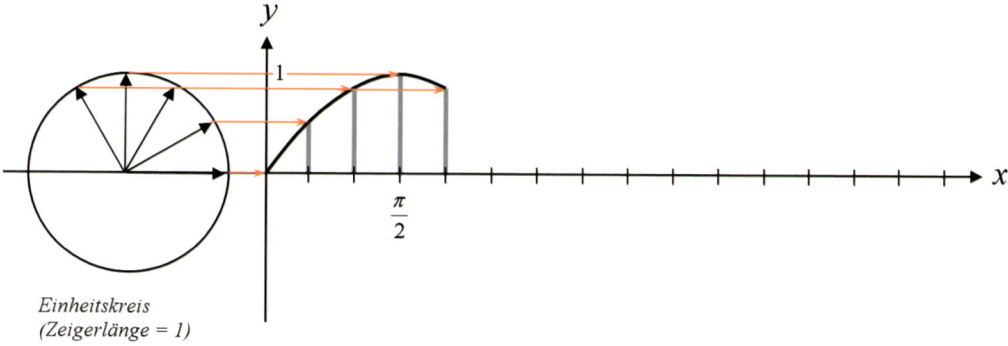

Einheitskreis (Zeigerlänge = 1)

Viele Eigenschaften trigonometrischer Funktionen lassen sich mit dem Zeigerdiagramm sehr einfach erklären bzw. beweisen. Beispielsweise könnte in der obigen Abbildung der Zeiger genau in die andere Richtung rotieren und damit immer genau den negativen Schatten projizieren. Kurz: $\sin(x) = -\sin(-x)$. Ebenso lässt sich $\cos(x) = \cos(-x)$ erklären: Wird auf die *x*-Achse projiziert, so macht es keinen Unterschied, ob der Zeiger nach oben oder nach unten startet.

Zeigerdiagramme sind eine weitreichende Methode. Man denke an oszillierende Ströme oder Felder, selbst Amplitude und Phase von Licht können geschickt im Zeigerdiagramm dargestellt werden. Ist das Zeigerdiagramm eingeführt, lassen sich komplexe trigonometrische Funktionen *verstehen*.

Statt ein Ventil um sein Radlager rotieren zu lassen, hätte man genauso gut eine Speiche oder stellvertretend einen Bleistift nehmen können, dessen Länge die Amplitude kennzeichnet. Mit Hilfe der *Zeigeraddition* lässt sich das Entstehen von *Schwebungen* und *Modulationen* einfach mit Stiften demonstrieren. Als Beispiel soll die Funktion $f(x) = 2 \cdot \sin(x) + \sin(5x)$ dienen.

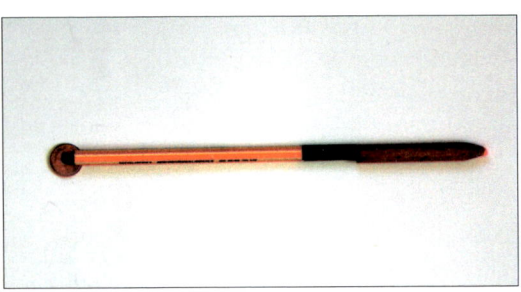

Umsetzung:
Jeder weiss, dass ein umlaufender Zeiger (Bleistift) in der Projektion auf die *y*-Achse das Schaubild einer Sinusfunktion ergibt (vergleiche *Die Sinusfunktion im Bogenmaß*). Was passiert jedoch, wenn man zwei Stifte hintereinander schaltet?

An der Spitze des ersten Stiftes ist ein weiterer mit halber Länge angebracht, der an diesem Punkt mit der fünffachen Winkelgeschwindigkeit rotiert. Die Schüler sollen herausfinden, welche Kurve sich bei der Projektion auf die *y*-Achse ergibt.

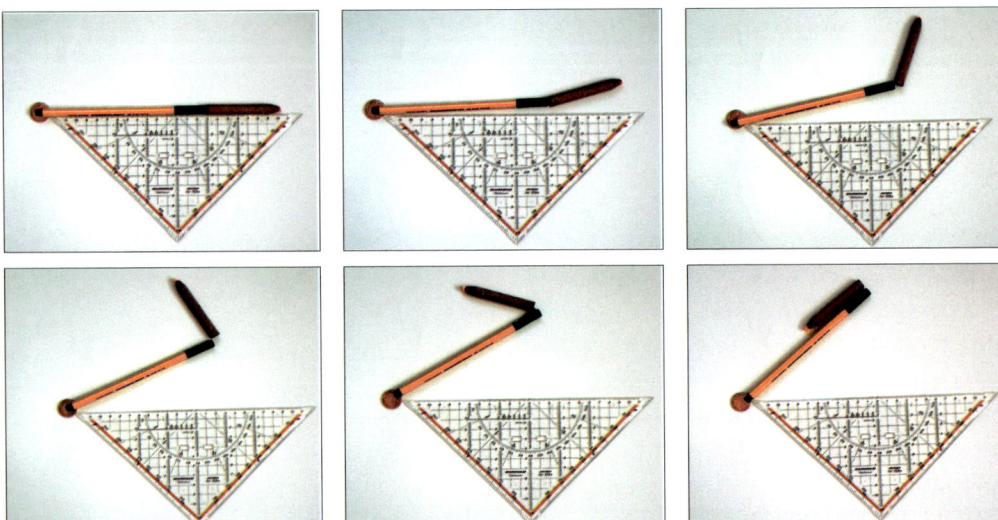

An dieser Stelle kann die Zeigeraddition gezeigt werden: Die Zeiger werden hintereinander gelegt und unter der *Zeigersumme* versteht man den Zeiger, der den Anfang des ersten Zeigers mit der Spitze des zweiten verbindet. Das ist nichts anderes als die Addition von Vektoren. Als Ergebnis ergibt sich folgendes Schaubild.

Auf einer *Trägerfrequenz* $f(x) = 2 \cdot \sin(x)$ oszilliert eine Modulation $g(x) = \sin(5x)$. Mit zwei gleichlangen Stiften, die eine geringfügig andere Winkelgeschwindigkeit besitzen, kann leicht eine Schwebung demonstriert werden. Voraussetzung ist auch hier die Zeigeraddition. Dargestellt ist die Funktion $f(x) = \sin(10x) + \sin(11x)$.

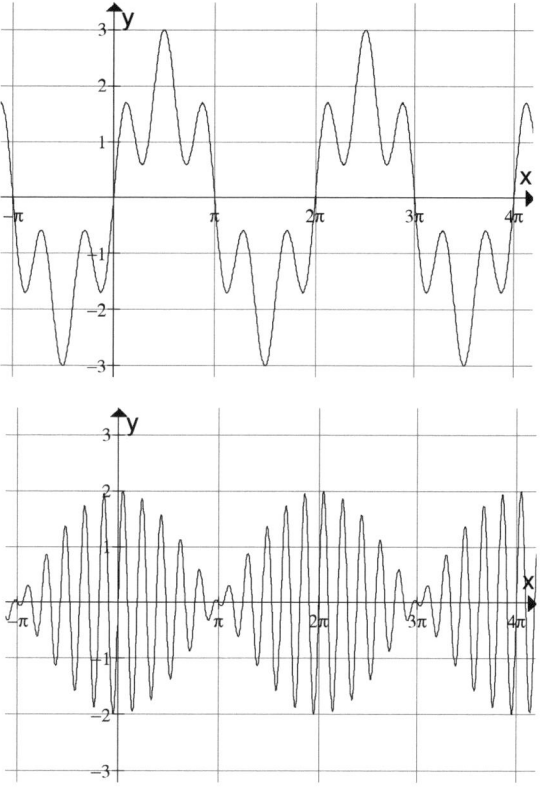

Differentialrechnung

4.14 Infinitesimalrechnung und der Grenzwert als Zaun

In 4.6 wurde *die* Steigung einer Treppe besprochen. Geht man allerdings auf einem Trampelpfad den Berg hoch, so ändert sich die Steigung die ganze Zeit. Bezeichnet man die Schrittlänge wieder mit Δx, so ergibt $\frac{\Delta y}{\Delta x}$ die durchschnittliche Steigung unseres Wanderers. Klar ändert sich mit jedem Schritt die Steigung etwas. Befragt man hingegen eine Ameise, wie sie den Trampelpfad an der Stelle x wahrgenommen hat, erhalten wir ein völlig anderes Ergebnis, da sie viel kleinere Schritte macht. Aber wie allen Lesern bekannt, handelt es sich wieder nur um eine durchschnittliche Steigung. Die Idee der Differentialrechnung ist es, die Steigung an einem Punkt zu berechnen. Hierzu müsste allerdings die Schrittlänge Δx Null sein und damit wird auch Δy zu Null und jetzt müssten wir etwas wie $\frac{\Delta y}{\Delta x} = \frac{0}{0}$ rechnen, was leider jenseits der Arithmetik liegt. Aufgabe der Differentialrechnung ist es, dieses Problem zu lösen, also die Steigung an einem Punkt zu berechnen. Und der Weg zur Lösung ist, den Grenzwert des obigen Quotienten zu berechnen. Aus diesem Grund soll kurz auf den Begriff des Grenzwertes eingegangen werden: Vielleicht haben Sie in der Klasse ein Liebespaar, das macht die Sache einprägsamer. Sie können die Geschichte aber auch gut mit kleinen Figuren nachstellen:

Fridolin ist zwei Kilometer von seiner Liebsten getrennt. Den ersten Kilometer schafft er in einer Stunde, in der Folgestunde schafft er nur noch einen halben. Mit jeder verstrichenen Stunde halbiert sich seine Kraft, so dass er auch nur halb so schnell vorankommt. Die Situation sieht also so aus:

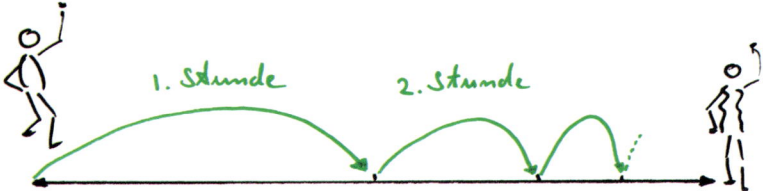

Wird Fridolin je seine Geliebte erreichen? Wie weit kommt er überhaupt?

Wahrscheinlich sind es diese Fragestellungen, die den Umgang mit der Unendlichkeit so schwierig gestalten. Es geht nicht darum, wie *weit* unser Held kommt. Es geht um einen statischen Grenzwertbegriff, also um die Frage danach, *wo man einen Zaun (Grenze, Limes) hinstellen müsste, den Fridolin niemals überschreiten wird.* Gibt es eine solche Grenze überhaupt und lässt sich gegebenenfalls ein minimalster Abstand angeben?

In unserem Beispiel beträgt die untere Grenze für den Zaun genau zwei Kilometer, aber damit sage ich dem Leser nichts Neues. Im Unterricht taucht oft folgende Argumentation auf:

„$1 + \frac{1}{2} + \frac{1}{4} + \frac{1}{8} + ...$ wird doch nie *ganz* zwei."

Es geht aber nicht um den Werdegang Fridolins, sondern darum, an welcher Stelle man einen Zaun aufstellt, den er nie überwindet. Kurz: Wir reden über eine Grenze (den Limes) und nicht über Fridolins Alterungsprozess.

Ganz ähnlich verhält es sich mit folgenden Aussagen:

„0,999999999999 ... ist aber nicht *genau* eins, sondern ein bisschen weniger!" Und auch ein Drittel ist nicht genau 0,3333333 ..., denn 0,3333 ... + 0,3333 ... + 0,33333 ... ergibt eben nicht genau eins."

Der Mensch kommt nicht umhin, endlich zu denken. Die drei Punkte sollen suggerieren, dass es immer weiter geht. Der obige scheinbare Widerspruch löst sich auf, wenn man sich klar macht, was genau mit den drei Punkten gemeint ist: Der Grenzwert der Folge

$$\lim_{n \to \infty} \sum_{k=1}^{n} \frac{9}{10^k}.$$

Und damit steht der Zaun exakt an der Stelle 1.

4.15 Extremstellen mit Figurentheater

Dieses Kapitel soll die Stärke von Figurenarbeit an der Tafel darstellen. Jeder im Raum kann sofort *in die Figur hineingehen* und das miterleben, was unser Held erlebt und wahrnimmt. Ein Beispiel: Fridolin werden auf einer Bergtour die Augen verbunden. Wie kann er dennoch herausfinden, wo der höchste Punkt ist?

Veranschaulichung der Ableitung

Wenn er oben ist, geht es weder aufwärts noch abwärts, also gibt es keine Steigung. Und wirklich *jedem* ist klar, dass Fridolin zuerst *eine positive Steigung* ($f'(x) > 0$) überwinden muss und danach wegen der *negativen Steigung* ($f'(x) < 0$)) den Hügel auf der anderen Seite wieder herunterrutschen kann. Damit ist die hinreichende Bedingung für ein lokales Maximum veranschaulicht: $f'(x) = 0$ und die erste Ableitung hat einen Vorzeichenwechsel von plus nach minus. Analog lässt sich die Bedingung für ein Minimum zeigen.

4.16 Wendestellen

Die Frage nach *den steilsten Stellen* führt zwangsläufig auf Wendestellen. Die Vorgehensweise entspricht der Berechnung der Wendestellen mit dem GTR (grafikfähigen Taschenrechner), da mit diesem die Extremstellen der Ableitung berechnet werden.
Wieder mit Figurentheater kann die Geschichte so lauten: Es hat geregnet. An welcher Stelle ist die Rutschgefahr für unseren Helden am größten?
Wie im letzten Abschnitt lässt sich die notwendige Bedingung für Wendestellen ähnlich nachstellen.[4] Zuerst wird es immer steiler und steiler, solange, bis es eben wieder flacher wird. Die steilste Stelle ist offensichtlich gerade die, ab der die Steigung nicht mehr zunimmt. Analog kann die Steigung auch zuerst abnehmen und anschließend wieder zunehmen. Damit ergeben sich Wendestellen als Extrema der Ableitung. Und damit ist die hinreichende Bedingung für Wendestellen auf die hinreichende Bedingung von Extremstellen der Ableitung zurückgeführt.
Alternativ kann man statt einer Berglandschaft den Graph der Funktion auch als Ausschnitt einer Rennbahn deuten. Statt mit Fridolin fährt man dann die „Straße" mit einem Auto ab und die Fragestellung lautet dann: *Wo ist das Lenkrad nach links eingeschlagen, wo nach rechts und an welcher Stelle stehen die Reifen wie bei gerader Fahrt?* Diese Fragestellung thematisiert Links- und Rechtskurve als Vorzeichen in der zweiten Ableitung. Der Vorzeichenwechsel in der zweiten Ableitung wird dann als Herumreißen des Lenkrades von links nach rechts oder umgekehrt gedeutet.
Natürlich kann man eine solche Rennbahn in Form einer Linie mit Kreide auf dem Schulhof aufzeichnen und die Schüler fahren diese mit ihren Fahrrädern ab. Aber ein Spielzeugauto tut's auch.

---

[4] Für diese Fragestellung müssen die *steilsten Stellen* existieren. Man denke etwa an die Normalparabel: Hier werden die Wände immer steiler, aber es gibt keinen Punkt, der der rutschigsten Stelle entspricht.

Extremwertprobleme

Die folgenden Abschnitte enthalten praxisnahe Anwendungen zu Extremwertproblemen. Voraussetzung ist die Differentialrechnung für ganzrationale Funktionen, der Einsatz des GTR bietet sich an.

4.17 Das Popcornproblem

Im Kino wird Popcorn verkauft. Die Käufer erhalten ein DIN-A4-Blatt, dürfen daraus eine Schachtel falten und diese mit Popcorn auffüllen, aber nicht aufhäufen.

Umsetzung im Unterricht:
Es werden Gruppen mit jeweils vier bis sechs Personen gebildet. Jede erhält ein DIN-A4-Blatt (unterschiedlicher Farbe) und eine Schere. Es soll eine Schachtel mit möglichst großem Volumen aus einem DIN-A4-Blatt hergestellt werden. Dass hierbei die Differentialrechnung ein sehr geschicktes Hilfsmittel ist, wird den Schülern nicht verraten.

Bastelanleitung:
Es werden vier gleich große Quadrate der Seitenlänge x herausgeschnitten. Die Länge x ist variabel.
Das jeweilige Volumen ist zu berechnen und auf die Schachtel zu schreiben. Hierzu bekommen die Schüler 15 Minuten Zeit. Danach werden alle Schachteln ausgestellt (vgl. auch Abschnitt (6.7) Gruppenranking).

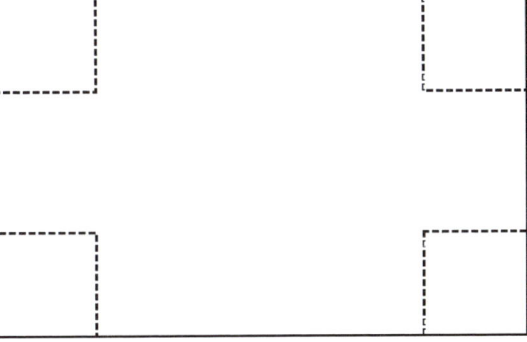

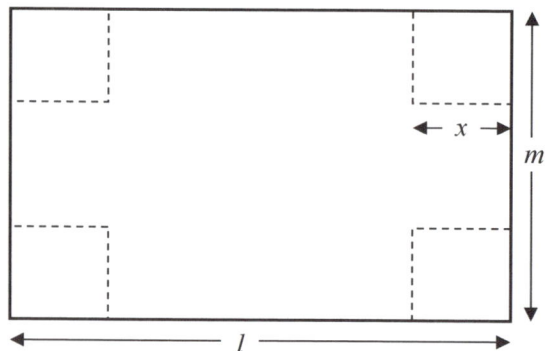

Eine mögliche Lösung:
Zielfunktion:
$V(x) = a \cdot b \cdot c$

Nebenbedingungen:
$a = l - 2x$
$b = m - 2x$
$c = x$
Damit ergibt sich die Funktion:
$V(x) = x \cdot (l - 2x) \cdot (m - 2x)$.

Noch ein didaktischer Hinweis:
Gibt man die Zielfunktion in den GTR ein und möchte sich mit der Standardeinstellung den Graph anzeigen lassen, so sieht man nichts. An dieser Stelle kann das „Sichtfenster" des GTRs problematisiert werden: Größenabschätzung ist gefragt, hier bedeutet die *y*-Achse das Volumen und dieses wiederum liegt hier bei über tausend Einheiten (wenn man cm^3 als Einheit verwendet).

Zahlenwerte:

Für ein Blatt mit l = 29,7 cm und b = 21,0 cm ergibt sich als Zielfunktion: $V(x) = x \cdot (29{,}7 - 2x) \cdot (21 - 2x)$, die Höhe (für maximales Volumen) x = 4,04 cm und zugehöriger Inhalt $V(4{,}04\text{ cm}) = 1128\text{ cm}^3$.

4.18 Pizzaschachtel

Aus einem DIN-A4-Blatt soll eine Schachtel mit Deckel hergestellt werden. Das Volumen soll hierbei extremal werden. Meist kommen die Schüler von selbst auf das Netz der Schachtel. Falls nicht, hilft diese Skizze:

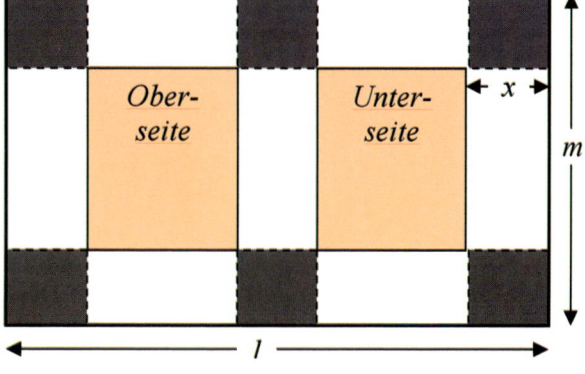

4.19 Das Häuptlingszelt

Die Geschichte:
Der Häuptling eines Indianerstammes möchte ein Zelt, in dem er sehr viele Skalpe seiner erschlagenen Feinde unterbringen kann. Die längsten Zeltstangen sind gerade einmal 4 Meter lang. Offensichtlich kann man beliebig viele verschiedene Pyramiden aufstellen.

Lernziel:
Die Schüler sollen ein mathematisches Problem modellieren (Zielfunktion aufstellen, hierzu muss eine Variable eingeführt werden) und mithilfe der Differentialrechnung lösen.

Methodisches Vorgehen:
→ Gruppenarbeit, Gruppenranking

Inhaltliche Voraussetzung:
- Formel für das Volumen einer (quadratischen) Pyramide.
  ($V = \frac{1}{3} \cdot G \cdot h = \frac{1}{3} \cdot a^2 \cdot h$, wobei G die Grundfläche, h die Höhe bezeichnet und entsprechend a eine Seite der Grundfläche.)
- Grundlagen der Differentialrechnung (für ganzrationale Funktionen)

Material:
Jede Gruppe erhält vier Röhrchen (Trinkhalme) und etwas Knetmasse. Die Röhrchen stellen die Zeltstangen dar, durch die Knete werden diese zusammengehalten.

Vorbereitung:
Es werden Gruppen mit jeweils vier bis sechs Personen gebildet.

Arbeitsauftrag:
Mit Hilfe der Röhrchen soll eine Pyramide mit quadratischer Grundfläche gebaut werden, deren Volumen maximal ist. Die Gruppe hat 15 Minuten Zeit, um das maximale Volumen zu bestimmen bzw. zu schätzen.

Lösung:
Hier wurde von einer Röhrchenlänge von $l = 23{,}5$ cm ausgegangen. Als Variable x wurde die Länge der Seitenkante verwendet.
Zielfunktion: (Ansatz) $V = \frac{1}{3} \cdot x^2 \cdot h$

Nebenbedingung:
Die Höhe ist abhängig von der Grundkante a. Die Höhe, die Seitenkante und die halbe Diagonale der Grundfläche bilden ein rechtwinkliges Dreieck. Weiter mit dem Satz von Pythagoras.

Didaktische Hinweise:
Es gibt verschiedene Möglichkeiten, Variablen einzuführen. Vermutlich werden die Schüler unterschiedliche Wege wählen. So bietet sich an, das an dieser Stelle zu thematisieren: Es gibt nicht *die* Lösung! Zum Beispiel kann auch die Höhe h oder der Neigungswinkel α als Variable sinnvoll eingeführt werden.

4.20 Weitere extremale Körper

In diesem Abschnitt soll nur die Vielzahl an Möglichkeiten skizziert werden. Die Umsetzung im Unterricht gleicht den vorhergehenden Beschreibungen.

Ist eine Tomatendose materialsparend gebaut? Hier bieten sich zwei Fragestellungen an:

1. In ein zylinderförmiges Gefäß soll ein möglichst großes Volumen eingeschlossen werden. Dabei ist die Oberfläche (Material) vorgegeben. Wie ist das günstigste Verhältnis zwischen Durchmesser und Höhe?
2. Bei vorgegebenem Volumen soll die Schweissnaht minimiert werden. In welchem Verhältnis stehen jetzt Durchmesser und Höhe?

Stets ist bei dieser Art von Aufgaben die praktische Realisierung interessant: Stimmen die Berechnungen mit den Abmessungen der Tomatendose überein? Oder besitzt doch die Cola-Dose die günstigeren Abmessungen?[5]

---

[5] Zur Optimierung eines Produkts gehen natürlich viele weitere Parameter in die Rechnung ein. Beispielsweise ist die Stapelbarkeit einer Ware ein ausschlaggebender Punkt.

Die Frage nach einem Zylinder, der bei vorgegebener Oberfläche maximal viel Wasser speichern kann, ist die Frage nach der Form von Regentonnen. Wenn man keine Regentonne hat, tut's auch ein Wasserglas. Und so weiter. Und so weiter.

4.21 Streichholzschachteln und die Milch im Tetrapack

Ist bei einer Streichholzschachtel das Verpackungsmaterial optimiert?

Und könnte man Material sparen, um einen Liter Milch zu verpacken, indem man Tetrapacks in anderen Maßen herstellt? Die Form des Quaders soll wegen der Stapelbarkeit beibehalten werden.

Das sind komplexe und offene Aufgabenstellungen. Vielleicht lernen die Schüler am meisten, wenn auch der Lehrer zu Beginn nicht den vollständigen Lösungsweg kennt.

Vollständige Induktion

Dem Kanon der Hochschulliteratur folgend, steht die *vollständige Induktion* im Kapitel der Analysis. Wahrscheinlich hat sie wegen *Folgen und Reihen* dort ihren Platz erhalten. Wie dem auch sei, das Beweisprinzip findet keineswegs nur in der Analysis Anwendung. Die *vollständige Induktion* gilt als didaktisch schwierig zu unterrichten, der Schüler weiss nicht genau, worauf es in der Stunde hinausläuft und der eine oder andere fragt sich hinterher doch, warum jetzt der Beweis schon fertig sein soll. Hier wird versucht, dem Geheimnis der *vollständigen Induktion* ohne Zahlen auf die Schliche zu kommen. Mitunter habe ich in Vertretungsstunden das Gefühl, dass Schüler der Unterstufe leichter das Prinzip verstehen als Oberstufenschüler.

4.22 Das Beweisprinzip

Szene nachspielen:
Mittels einem darstellendem Spiel können *Induktionsanfang (IA)*, *Induktionsschritt (IS)* und *Induktionsvoraussetzung (IV)* demonstriert werden. Hierzu werden ca. fünf Freiwillige benötigt. Der Lehrer flüstert einem eine Aufgabe zu, die er pantomimisch darstellen soll. Zum Beispiel *eine Zugfahrkarte am Automat lösen*, oder *eine Kiste Sprudel im Supermarkt einkaufen*, oder *in einer Pommesbude sich eine Rote bestellen und essen*, oder *sein Lieblingsgericht kochen* ... Die reine Spielzeit soll ca. 20 – 30 Sekunden dauern. Der erste Schauspieler stellt somit den *Induktionsanfang (IA)* dar, in der Skizze links rot dargestellt.

Von den verbleibenden Darstellern, hier in grün dargestellt, darf nur einer der Aufführung folgen. Hierzu setzt er sich auf einen Beobachterstuhl und versucht sich alles so exakt wie möglich zu merken. Danach erhebt er sich und spielt genau das Gesehene so exakt wie möglich nach, wobei ihn nun der nachgerückte dritte Schauspieler aufmerksam beobachtet, um seinen Vorgänger wieder so genau wie möglich zu kopieren. Und so weiter.

Der Reiz und der Humor in der Darbietung liegt in der Unvollkommenheit der Kopie. Es wird viel gelacht, jedoch nicht ausgelacht. Die

Wahrnehmungsübung lässt sich auf die *vollständige Induktion* übertragen. Die Frage ist also, was alles passieren muss, damit die 5.te Person immer noch exakt selbiges wie die erste spielt. Und die Antwort darauf ist das Beweisprinzip:

1. Jemand muss den Anfang machen (IA).
2. Die Kopie des Vorgängers darf keine Information verlieren (IS).
3. Voraussetzung, dass richtig nachgespielt werden kann, ist die Richtigkeit des Vorgängers (IV).

Stille Post:
So wird ein Kinderspiel genannt, bei dem alle in einer Reihe sitzen und der erste (IA) seinem Nachbarn einen Satz zuflüstert. Dieser gibt das, was er verstanden hat, wiederum an den nächsten weiter. Und so weiter.
Wieder stellt die Kopie (Weitergabe der Botschaft) den Induktionsschritt dar, die Induktionsvoraussetzung ist, dass die Nachricht beim aktuellen Flüsterer richtig angekommen ist.

Dominomodell aus Streichholzschachteln:
Jede Gruppe erhält zehn Schachteln oder bringt entsprechend viele in den Unterricht mit.

Die Schachteln sollen irgendwie (durcheinander) aufgebaut und dann umgestoßen werden:

| Kapitel 4 | Funktionen |

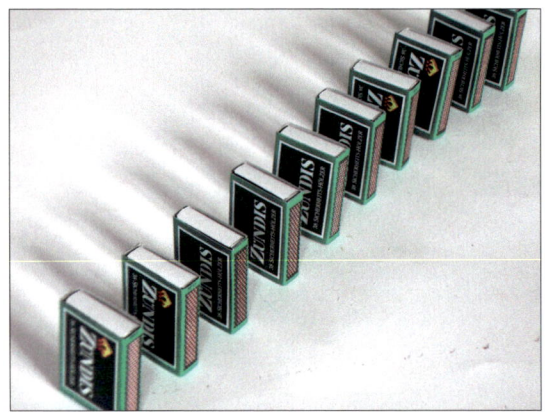

Die Schachteln stellen hierbei (mathematische) Aussagen dar, wird eine umgeworfen, so gilt diese Aussage als bewiesen.

Jetzt sollen sie so aufgebaut werden, dass man nur eine Schachtel umstoßen muss. Es gibt natürlich viele Möglichkeiten, die Grundidee ist immer eine Kettenreaktion. Fordert man zusätzlich, dass alle nacheinander umgeworfen werden müssen, erhält man einen Aufbau in der links dargestellten Art.

Induktionsanfang bedeutet hier das Umwerfen der ersten Schachtel.

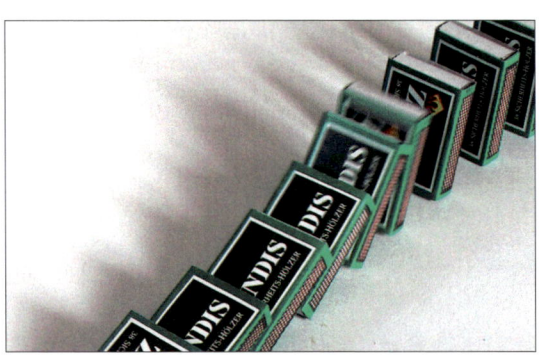

Für den Induktionsschritt muss sicher gestellt werden, dass die Abstände zwischen den Schachteln nicht zu groß und nicht zu klein sind, oder anders formuliert: Stets muss der Nachfolger mit umgerissen werden.

Und die Induktionsvoraussetzung besagt, dass alle vorangestellten Schachteln bereits umgestoßen worden sind. Im übertragenen Sinne bedeutet das, dass alle vorherigen Aussagen bereits bewiesen sind und dazu verwendet werden können, die nächste Aussage zu beweisen bzw. die Folgeschachtel umzustoßen.

4.23 Beispiele ohne Zahlen

Ein Blatt Papier wird gefaltet und wieder aufgeklappt. Der Vorgang wird beliebig häufig wiederholt. Wenn die Falzkanten zu unklar sind, können stattdessen auch Striche mit dem Lineal gezogen werden. Nach vier Prozeduren sieht das Ergebnis so aus:

Die Aufgabe:
Das Blatt stellt eine Landkarte dar, die entstandenen Vielecke die Länder. In dem Beispiel oben gibt es also zehn Länder. Nun die Frage: Kann diese Landkarte mit nur zwei Farben so eingefärbt werden, dass nie zwei Ländergrenzen dieselbe Farbe haben?

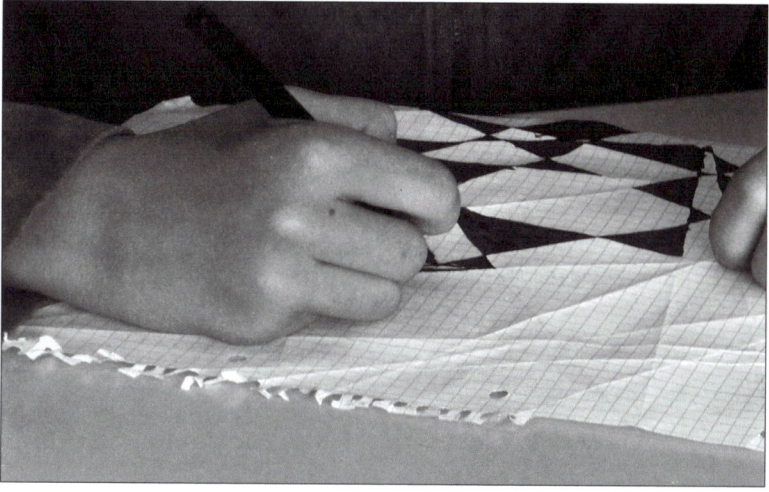

Es geht immer.[6] Hier eine Beweisskizze mittels *vollständiger Induktion:*
(IA) Das Papier wird einmal gefaltet und wieder aufgeklappt. Da nur zwei Länder entstanden sind und zwei Farben zur Verfügung stehen, klappt auch die geforderte Einfärbung.

(IS) Es ist nur zu zeigen, dass wenn die Einfärbung für eine beliebig vorgegebene Anzahl von Faltungen funktioniert, so auch für eine weitere. Wir stellen uns eine solche Einfärbung vor. Wird jetzt das Papier erneut gefaltet, so gibt es nur Probleme am neu entstandenen Falz. Der Trick besteht nun darin, auf einer Seite den Kontrast umzukehren. Damit ist die Aussage bewiesen. Gezeigt wurde nämlich folgendes: Gilt die Aussage für einen Falz, dann auch für einen weiteren, also zwei. Gilt sie für zwei, dann wegen dem bewiesenen Induktionsschritt auch für drei, und so weiter, und so weiter.

Alternativ kann man auch mit einem Zirkel Kreise aufzeichnen. Der Beweis funktioniert analog, die Kontrastumkehr findet dann entweder innerhalb oder außerhalb des neuen Kreises statt.

Turm von Hanoi
Sechs Münzen (2 Euro, 1 Euro, 20 Cent, 5 Cent, 2 Cent und 1 Cent) lassen sich so aufeinander stapeln, dass jeweils nie eine größere

---

[6] Achtung: Wird nicht nach jeder Faltung wieder aufgeklappt, gelingt die Einfärbung im Allgemeinen nicht.

Münze auf einer kleineren zum liegen kommt. Als Spielfeld werden auf einem Blatt drei Felder aufgezeichnet. Ziel ist die Verlagerung des Turms auf einen anderen Platz. Dabei gelten folgende Regeln:
1. Es darf immer nur eine Münze gezogen werden.
2. Es darf immer nur eine kleinere Münze auf einer größeren liegen.
3. Münzen dürfen nur in Feld I, II oder III liegen.

Die erste Frage ist, ob das überhaupt möglich ist. Aber irgendwann hat es jemand in der Klasse geschafft und das leitet dann die eigentliche Frage ein: *Wie viele Ziehungen werden mindestens benötigt, um den Turm zu verlagern?*

Lösung mittels *vollständiger Induktion:*
Sechs Münzen sind für den Beginn recht schwierig. Für nur eine ist der Fall viel einfacher: Man benötigt nur eine Umlegung (IA).
Wir bezeichnen mit u_k die Anzahl der Umlegungen mit k Münzen. In Beispiel (mit den sechs Münzen) wollen wir also u_6 berechnen.
Der *Induktionsschritt* besteht aus drei Zügen. Die Situation wird anhand der sechs Münzen dargestellt:

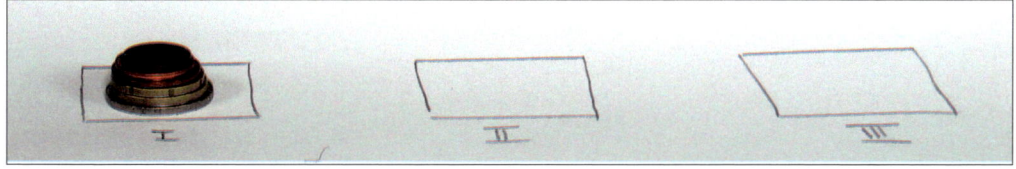

Im ersten Schritt wird die *Induktionsvoraussetzung* angewendet. Das bedeutet, dass die Anzahl der Umlegungen für fünf Münzen (u_5) bereits bekannt ist:

Die neu hinzugekommene, sechste Münze benötigt eine Umlegung: Von Feld I auf Feld III:

Zum Schluss wird der Stapel der restlichen fünf Münzen daraufgesetzt. Das sind wieder u_5 Umlegungen.

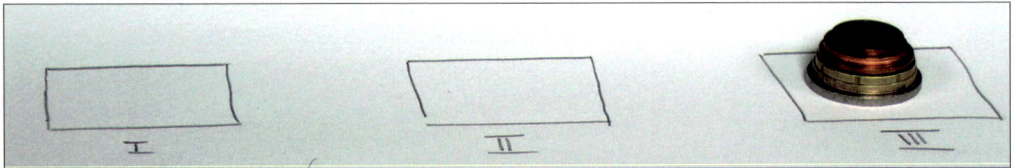

Insgesamt gilt für sechs Münzen: $u_6 = u_5 + 1 + u_5 = 1 + 2 \cdot u_5$. Allgemein lautet die Rekursionsformel: $u_1 = 1$; $u_{k+1} = u_k + 1 + u_k = 1 + 2 \cdot u_k$.

Anzahl der Münzen k	1	2	3	4	5	6	7	...
Anzahl der Umlegungen u_k	1	3	7	15	31	63	127	...

Es gibt auch eine *explizite Formel* zur Berechnung der Umlegungen: $u_k = 2^k - 1$. Der Beweis verwendet wieder die vollständige Induktion, die Ausführung sei dem Leser überlassen. Ein Beispiel zum Beweis einer *expliziten Formel* findet sich im nächsten Kapitel.

Händeschütteln

Als letztes Beispiel[7] soll noch eins mit Zahlen vorgestellt werden:
Wie oft schütteln sich die Schüler einer Klasse die Hand, wenn jeder Schüler jedem anderen genau einmal die Hand schüttelt?
Anstatt das Experiment mit der ganzen Klasse durchzuspielen, bieten sich Kleingruppen an. Diese erhalten 15 Minuten, um eine Lösung zu finden.

Die Lösung:
kann nachgestellt werden. Hierzu wird das Klassenzimmer in zwei Bereiche geteilt – die *Straße* und der *Partykeller*. Vorerst befinden sich alle auf der Straße.
Der erste Partygast kann niemandem die Hand schütteln ($a_1 = 0$), es ist ja sonst niemand im Raum. Der Zweite kann genau einmal dem ersten die Hand geben ($a_2 = 1$). Ist der Dritte angekommen, gibt es

---

[7] Weitere Beispiele für den direkten Einsatz im Unterricht finden sich in Martin Kramer: *Mit PowerPoint und Bleistift zur vollständigen Induktion.* Erschienen in: RAAbits Mathematik. Dr. Josef Raabe Verlags-GmbH. RAABE Fachverlag für die Schule, Stuttgart 2006.

zwei weitere Begrüßungen ($a_3 = 1 + 2$), insgesamt wurden also drei Mal die Hände gereicht. In der Abbildung ist das Ankommen von Person Nummer fünf gezeigt. Diese kann genau vier Gäste begrüßen ($a_5 = 1 + 2 + 3 + 4$). Mit a_k wird die Anzahl aller Begrüßungen einschließlich des k-ten Neuankömmlings bezeichnet. Allgemein kann die k-te Person genau $(k-1)$-Personen die Hand schütteln.

k	1	2	3	4	...	k	$k+1$	...
Händeschütteln a_k	0	1	1+2	1+2+3	...	1+2+...+(k-1)	1+2+...+(k-1)+k	...

$\quad\quad\quad\quad\quad\quad$ +1 $\quad$ +2 $\quad$ +3 $\quad$ +4 $\quad\quad\quad$ +k

Damit erhält man eine Rekursionsformel: $a_1 = 0$, $a_{k+1} = a_k + k$. Wenn die Klasse wie in unserem Beispiel aus 30 Schülern besteht, so muss man also die Zahlen von 1 bis 29 addieren. Das ist aufwendig. Wesentlich eleganter wäre eine Formel, bei der man nicht die Handschläge aller vorherigen Gäste aufsummieren müsste, um alle Begrüßungen zu berechnen. Gesucht ist also eine *explizite Darstellung*: Für die Summe der Zahlen bis $(k-1)$ gilt:

$$a_k = 1 + 2 + ...(k-1) = \frac{1+(k-1)}{2} \cdot (k-1) = \frac{k}{2}(k-1).$$

Diese Aussage fällt sozusagen „vom Himmel". Das ist typisch für die Anwendung der vollständigen Induktion. Die Stärke des Beweisprinzips liegt darin, bereits gemachte Aussagen zu beweisen. Leider ist es nicht konstruktiv, d. h. der Frage, wie man auf die Formel überhaupt kommt, wird keine Rechnung getragen.

Beweis durch vollständige Induktion:

Behauptung: $a_k = \frac{k}{2}(k-1)$

(IA) $k = 2$

$a_2 = \frac{2}{2}(2-1) = 1 \cdot 1 = 1$ (Aussage richtig für $k = 2$)

(IS) $k \to k+1$, zu zeigen: $\underbrace{a_{k+1}}_{\text{linke Seite}} = \underbrace{\frac{k+1}{2}\bigl[(k+1)-1\bigr]}_{\text{rechte Seite}}$

linke Seite:

$a_{k+1} = \underbrace{a_k}_{(IV)} + k = \frac{k}{2}(k-1) + k = k\left(\frac{k-1}{2}+1\right) = \frac{k^2-k}{2} + k = \frac{1}{2}k^2 - \frac{k}{2} + k = \frac{1}{2}k^2 + \frac{k}{2} = \frac{k^2+k}{2}$

rechte Seite:

$\frac{k+1}{2}\bigl[(k+1)-1\bigr] = \frac{k+1}{2}k = \frac{k^2+k}{2}$

Also ist die linke Seite gleich der rechten Seite. Damit ist die Aussage bewiesen. Um die Anzahl des Händeschüttelns zu berechnen, kann jetzt a_{30} direkt bestimmt werden:

$a_{30} = \frac{30}{2}(30-1) = 15 \cdot 29$. Im Vergleich dazu die rekursive Berechnung:

$a_{30} = 1 + 2 + 3 + 4 + 5 + 6 + 7 + 8 + 9 + 10 + 1 + 12 + 13 + 14 + 15 + 16$
$\qquad + 17 + 18 + 19 + 20 + 21 + 22 + 23 + 24 + 25 + 26 + 27 + 28 + 29$

Teil I
Mathematische Inhalte

Kapitel 5
Lineare Gleichungssysteme

| Kapitel 5 | Lineare Gleichungssysteme |

5.1 Algebraische und grafische Welten

Jede lineare Gleichung mit zwei Variablen lässt sich durch eine Gerade in der Ebene darstellen. Die Lösung eines linearen Gleichungssystems kann rechnerisch wie auch grafisch gelöst werden. In diesem Lehrgang wird versucht, gleich *zu Beginn* mit für jede Gleichung die zugehörige grafische Entsprechung zu zeigen.

Umsetzung im Unterricht:
Der Lehrer schreibt eine lineare Gleichung an die Tafel, z. B. $2y - x = 6$. Die Schüler zählen sich selbst ab und merken sich ihre Zahlen. Der Erste beginnt mit −5 und die Nachkommenden erhöhen dann schrittweise um 0,5. (Also: −5; −4,5; −4; −3,5; …). Damit hat jeder Schüler einen x-Wert bekommen. Nun soll der zugehörige y-Wert berechnet und danach ein Magnet *genau* an die passende Stelle gesetzt werden.

Um ein Beispiel zu geben: Der Schüler mit $x = 4,5$ vollzieht folgende Rechung:

$2y - x = 6$
$2y - 4{,}5 = 6$
$\quad\quad 2y = 10{,}5$
$\quad\quad\; y = 5{,}25$

Anschließend setzt er seinen Magneten an die entsprechende Stelle im Koordinatensystem. Damit stellt *jeder Magnet eine Lösung* dar. Vermutlich werden nicht alle Magnete auf einer Geraden liegen, überhaupt ist es an dieser Stelle noch keinesfalls klar, dass *alle* Lösungen auf einer *Geraden* liegen. Die entstehende Gerade überrascht!

In dieser Situation kann man die Schüler gerne darüber diskutieren lassen, ob Magnete, die von der Geraden abweichen, Rechenfehler sein *müssen*. Weiter soll überlegt werden, ob *jede Gleichung dieser Art* eine Darstellung als Gerade besitzt, oder genauer formuliert, ob *alle Lösungen* von dieser Art von Gleichungen (linearen Gleichungen) *auf einer Geraden liegen*.

Ist die Klasse bereits in (Farb-)Gruppen eingeteilt, so kann der Lehrer ein paar Minuten diskutieren lassen und danach jede Gruppe nach ihrer begründeten oder unbegründeten Meinung fragen.

Zur Didaktik: In der ersten Stunde eine Gleichung und deren grafische Interpretation gegenüberzustellen, ist wegweisend für alles Kommende. *Jeder Magnet, jeder Schüler,* hat eine eigene Lösung für die Gleichung und es erweist sich als selbstverständlich, dass es *unendlich viele Lösungen* gibt.

5.2 Darstellung der Lösungsmenge von Gleichungen mit zwei Variablen

Die Methode knüpft an *Hölzer in der Box* (2.4). Allerdings werden jetzt Gleichungen mit zwei Variablen untersucht, wobei zwingender Weise auch zwei verschiedene Schachteltypen benötigt werden.

Die Idee:

Wie in *Hölzer in der Box* wird eine Gleichung nachgelegt, wobei auf beiden Seiten des Stiftes (Gleichheitszeichen) gleich viele Streichhölzer liegen müssen, ebenso jeweils in jedem Boxentyp. Die Schüler *konstruieren* also eine Gleichung mit zwei Variablen.

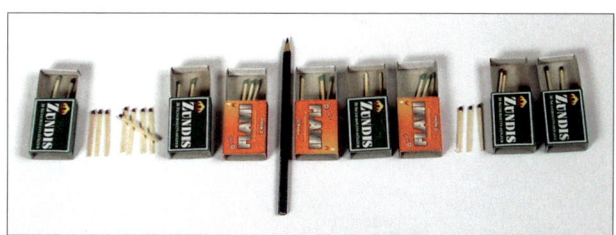

| Kapitel 5 | Lineare Gleichungssysteme |

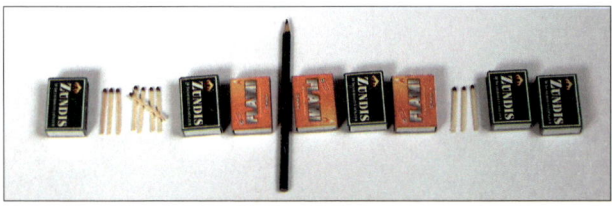

In jeder grünen Box (Variable x) befinden sich zwei Streichhölzer, in der roten (Variable y) drei Hölzer. Damit lautet (eine) Lösung der Gleichung $x = 2$ und $y = 3$. Präsentiert wird die „Gleichung" natürlich in geschlossener Form. In die Sprache der Algebra übersetzt: $x + 8 + x + y = y + x + y + 3 + x + x$.
Gleiches kann auf den jeweiligen Seiten zusammengefasst werden:
$8 + 2x + y = 3x + 2y + 3$.

Natürlich kann die Gleichung ähnlich wie in 2.4 vereinfacht werden.

Umsetzung im Unterricht:
- Jede (Farb-)Gruppe konstruiert eine Gleichung. Grüne Schachteln stehen für die Variable „x" und werden alle mit einer bestimmten Anzahl von Hölzern gefüllt. Entsprechend wird mit den roten Schachteln bzw. Variablen „y" verfahren. Damit sind die Lösungen keine Brüche. Zum Schluss wird mit Streichhölzern außerhalb der Schachteln dafür gesorgt, dass auf beiden Seiten gleich viele Hölzer liegen. Gibt es Farbgruppen, soll der Stift (das Gleichheitszeichen) die entsprechende Farbe besitzen. Das ermöglicht Rückfragen an die Konstrukteure. *Nach der Konstruktion der Aufgabe sollen alle nicht benötigten Schachteln oder Hölzer entfernt werden.* Ein einziges falsch gelegtes Holz verändert bzw. verfälscht die Aufgabe!
- Im Klassenzimmer sind nun mehrere Aufgaben (Stationen) aufgebaut. Die Gruppen wandern von Station zu Station und lösen die Aufgaben.
- Zuerst wird die jeweilige „Schachtelgleichung" in eine algebraische Gleichung übersetzt. Als Beispiel dient der oben beschriebene Fall:
$x + 8 + x + y = y + x + y + 3 + x + x$.
- Im zweiten Schritt wird diese Gleichung nach y aufgelöst:
$x + 8 + x + y = y + x + y + 3 + x + x$
$8 + 2x + y = 3x + 2y + 3$
$5 = x + y$
$y = -x + 5$

Die Rechnung lässt sich bis auf den letzten Schritt entsprechend 2.4 veranschaulichen:

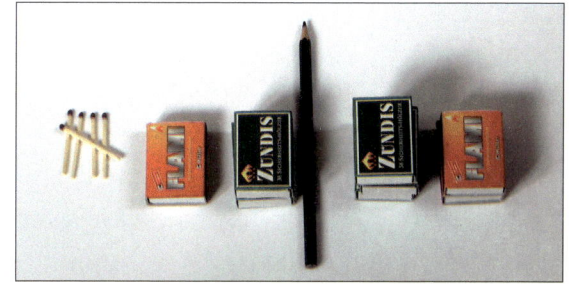

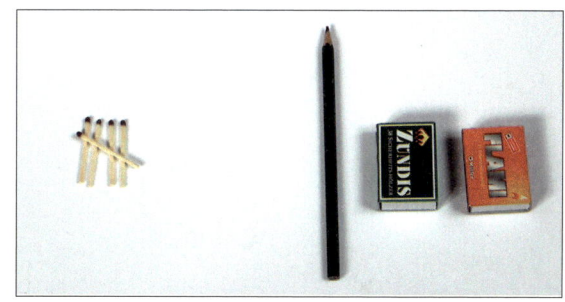

- Nun wird die zugehörige Lösungsmenge durch eine Gerade grafisch dargestellt. x- und y-Achse können entsprechend grün und rot gestaltet werden.
- Mit Kenntnis des x-Wertes und der Geraden lässt sich in fast allen Fällen der y-Wert bestimmen. In unserem Beispiel wird $x = 2$ nachgeschaut. Wenn alles stimmt, finden sich jetzt in der roten Schachtel drei Hölzer.

In der Übung kommen alle Typen von Geraden vor, also auch die Parallelen zur x- und y-Achse. Auftauchende Fehler sollten nicht kritisiert werden, sondern verstanden. Wandert bei-

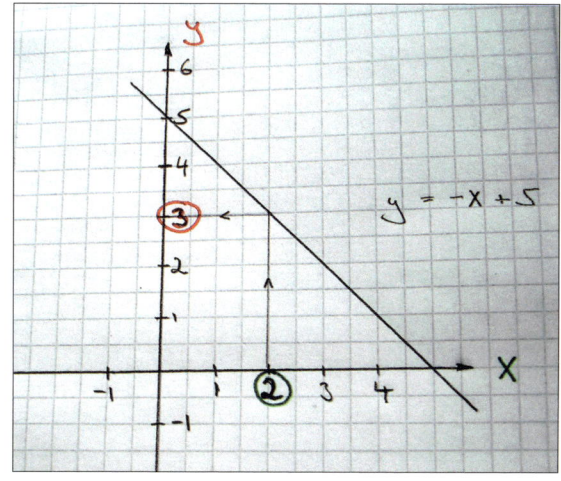

spielsweise ein Streichholz unglücklicherweise auf die andere Seite der Gleichung, so entspricht das einem Vorzeichenfehler.

5.3 Darstellung der Lösungsmenge von Gleichungen mit drei Variablen

Für einen Schüler ist zu Beginn keineswegs klar, dass sich die Gleichung $4x + 3y + 6z = 12$ durch eine Ebene in einem dreidimensionalen Koordinatensystem darstellen lässt. Gibt es wieder eine Gerade, oder eine Kugel, oder etwas Geschwungenes?

Wie in 5.1 geht es darum, die algebraische Welt der Gleichungen mit der grafischen Welt der Ebenen zu verknüpfen. Das Knifflige liegt nicht in der Anzahl der Variablen, sondern in der Erkenntnis, dass *eine spezielle Lösung* mittels eines Punktes dargestellt werden kann.

Umsetzung im Unterricht:
Man benötigt Knete und Strohhalme. Entsprechend einem rechtshändigen Koordinatensystem werden zwei Kanten eines Tisches zur

x- und zur *y*-Achse. Kreppband hilft, ist aber nicht unbedingt nötig. Eine Einheit ist zehn Zentimeter lang.

Für *x* und *y* werden Werte gewählt und in die vorgegebene Gleichung ($4x + 3y + 6z = 12$) eingesetzt. Das entspricht dem Vorgehen in 5.1. Als Beispiel wird hier 1 für *x* und 2 für *y* eingesetzt. Damit ergibt sich:

$$4x + 3y + 6z = 12$$
$$4 \cdot 1 + 3 \cdot 2 + 6z = 12$$
$$6z = 2$$
$$z = \frac{1}{3}$$

Die *z*-Koordinate wird durch die Röhrchenhöhe dargestellt. Auf dem Tisch wird hierzu an der Stelle $x = 1$; $y = 2$ ein Stäbchen mit der Länge $z = 1/3$ mit Knete befestigt. In unserem Maßstab (1 LE entspricht 10 cm) besitzt dieser Tinkhalm eine Länge von etwa 3,3 cm. Anschließend werden viele, viele weitere Strohhalme auf diese Weise berechnet und gesteckt – solange, bis die geometrische Figur erkannt wird, die der Gleichung entspricht. Die Schüler hatten übrigens

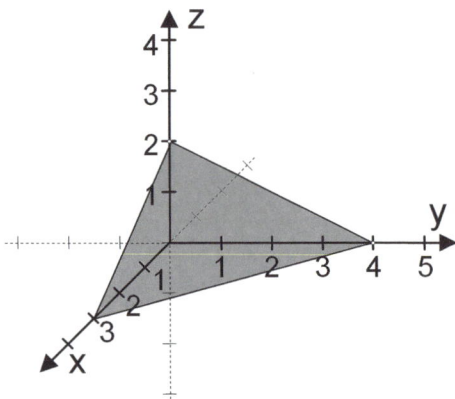

keine Schwierigkeiten, negative z-Werte zu interpretieren und sinngemäß unter der Tischplatte zu befestigen. Hier wurde die x-Achse sogar in den negativen Bereich hinein erweitert.

Statt $4x + 3y + 6z = 12$ können natürlich ebenso andere Ebenengleichungen gewählt werden. Das Beispiel hier passt lediglich gut zur Stäbchenlänge. In der Lösung ist nur der Teil der Ebene mit positiven Koordinaten dargestellt.

Im Vergleich hierzu ein Schülerergebnis (Klasse 7!). Man beachte, dass die Schüler von sich aus alle Spurgeraden dargestellt haben. In der Aufgabenstellung war davon nicht die Rede.

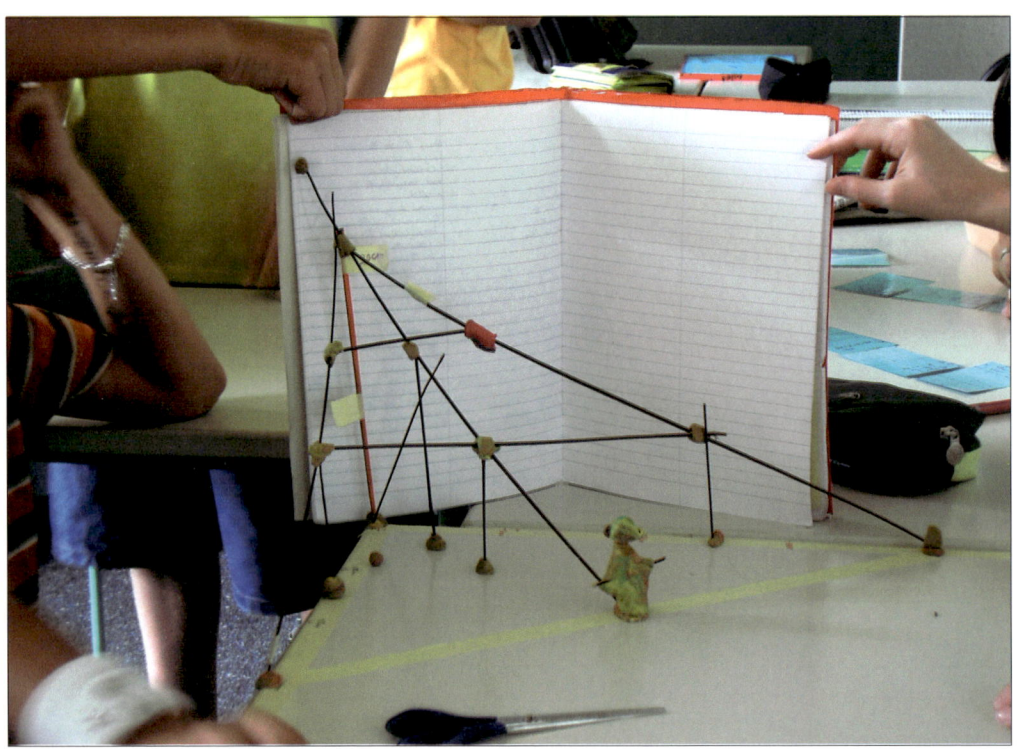

5.4 Ein erstes LGS, Gleichsetzungs- und Einsetzungsverfahren

Die Streichholzmethode in 5.2 lässt sich zu einem LGS ausbauen. Hierzu wird ein LGS auf zwei Tischen aufgebaut:

| Kapitel 5 | Lineare Gleichungssysteme |

Die beiden Stifte stehen jeweils für die Gleichheitszeichen. x wird durch eine grüne, y durch eine rote Schachtel realisiert.

Der Idee des *Konstruktivismus* folgend, wird Schritt für Schritt aufgebaut: Zuerst wird ein Stift (das Gleichheitszeichen) hingelegt, links und rechts davon *gleich* viele Streichhölzer. Danach wird festgelegt, wie viele Streichhölzer jeweils in die x-Box kommen und wie viele in die y-Box. Diese Prozedur wird auf dem zweiten Tisch wiederholt. Durch den Aufbau der Aufgabe wird die Struktur eines LGS klar. So ist es in der Regel nicht unmittelbar klar, dass die x-Boxen auf *beiden Tischen* mit der *gleichen* Anzahl von Hölzern bestückt werden müssen. Aber genau das ist die Idee einer Unbekannten.

Umsetzung im Unterricht:
Der Lehrer konstruiert zusammen mit den Schülern wie oben beschrieben eine Aufgabe, Schritt für Schritt. Wenn es keine Fragen zu diesem LGS mehr gibt, schließen die Schüler die Augen und der Lehrer legt ein neues Gleichungssystem bzw. verändert das alte. Die

Kapitel 5 — Lineare Gleichungssysteme

(Farb-)Gruppen erhalten zehn Minuten Zeit um herauszufinden, wie viele Hölzer in den Schachteln liegen.
Es gibt verschiedene Wege, ein solches LGS zu lösen:

Gleichsetzungsverfahren
Der Leser kennt das Verfahren: Beide Gleichungen werden mittels Äquivalenzumformungen nach y aufgelöst. Der Vorteil der Methode mit Schachteln und Hölzern liegt im *Begreifbaren* und in der Anschaulichkeit: Liegt auf jeder Tischhälfte links vom Stift nur noch eine rote Schachtel, so ist klar, dass auch die jeweils rechten Hälften gleich sind. Jede lineare Gleichung mit zwei Unbekannten lässt sich wie in 5.2 mit einer Geraden darstellen. An dieser Stelle lässt sich gut die grafische Lösung als Schnittpunkt zweier Geraden einführen bzw. erklären.

Einsetzungsverfahren
Auch hier wird das Einsetzen viel deutlicher als wenn es „nur" abstrakt mit Zahlen und Variablen vollzogen wird. Ein Beispiel: Bedeutet $y = 2x$, dass x das Doppelte von y oder dass y das Doppelte

von x ist? Der Leser kennt die Problematik. Viel klarer ist die Situation, wenn eine rote Schachtel auf der einen Seite des Stiftes liegt und zwei grüne auf der anderen. Kein Schüler wird jetzt noch daran zweifeln, dass in den grünen Boxen nur halb so viele Hölzer sind.
Sind die Verfahren anhand der Schachteln verstanden, werden die Gleichungen ins „Mathematische" übersetzt:

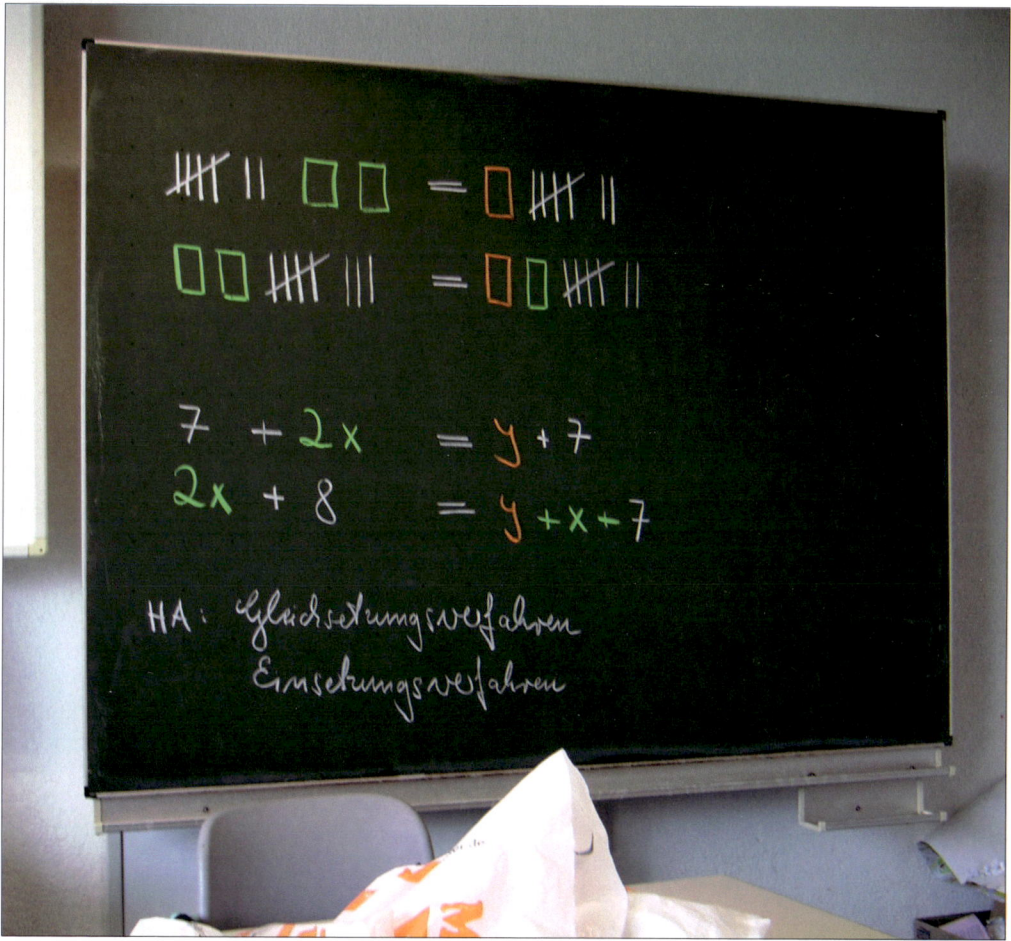

Die Umsetzung dieses skizzierten Abschnitts dauert eine Schulstunde. So füllen nur zwei Aufgaben eine ganze Unterrichtsstunde. Hausaufgabe war das Lösen des LGS mit dem Gleichsetzungsverfahren und mit dem Einsetzungsverfahren. Der einzelne Schüler muss die Lösungsmethoden zu Hause wieder *rekonstruieren*.

5.5 Das Gaußverfahren oder Informationen wandern von Planet zu Planet

In diesem Abschnitt wird eine Technik vorgestellt, die stark mit Bildern arbeitet. So wird das schrittweise Lösen von Linearen Gleichungssystemen mit der Wanderung von Farbinformationen von Planet zu Planet dargestellt.

Diese Art Mathematik zu verbildlichen, kann auch sehr kritisch betrachtet werden. Fruchtbar ist es immer, wenn mit den Schülern gemeinsam solche Bilder geschaffen werden. Aber nun zum Beispiel:

$2x + 3y - z = 5$ Zu lösen ist ein typisches LGS.
$-x + y + 3z = 10$
$3x + 2y - 2z = 1$

Jede Gleichung ist Träger einer Information. Wir stellen uns vor, dass jede Gleichung das Erbgut eines außerirdischen Wesens beschreibt, dementsprechend gibt es drei solcher Wesen.

Um die Lösungsmenge des Linearen Gleichungssystems zu bestimmen, muss es verändert werden. Das entspricht in unserem Bild einer Wanderung von Planet zu Planet. Zugelassen sind natürlich nur Veränderungen, die die Lösungsmenge erhalten. Um im Bild zu bleiben: Alle (Erb)Informationen müssen auf dem neuen Planeten ankommen. Um zu gewährleisten, dass keine Information verloren geht, können Gleichungen einfach abgeschrieben werden.

$2x + 3y - z = 5$

Dieses Vorgehen ist absolut richtig, führt aber leider nicht näher zur Lösung. Ebenfalls unmittelbar einsichtig ist, dass man statt der Zeile auch das Vielfache einer Zeile aufschreiben kann. Um in der bildlichen Vorstellung zu bleiben: Das grüne Wesen kann sich das Doppelte anziehen, das Erbgut wird dadurch nicht verändert.

$+ 3y - z = 5$
$+ y + 3z = 10 \ (\cdot 2)$
$+ 2y - 2z = 1$

Das entscheidende Werkzeug zur Vereinfachung ist die Addition zweier Zeilen. (Oder allgemeiner: Das Vielfache von einer Zeile zu dem Vielfachen zu einer anderen addieren.)

Kapitel 5 | Lineare Gleichungssysteme

Auch dieses Vorgehen findet eine bildliche Entsprechung: Zwei der Wesen können ein Pärchen bilden und ein Kind bekommen, dieses Kind trägt dann die Erbinformation (beide Farben, rot und grün) in sich:

Die beiden Gleichungen verschmelzen zu einem gemeinsamen Erbgut. Angedeutet wird das durch die farbigen Ringe hinter der zweiten und dritten Gleichung.

$$2x + 3y - z = 5$$
$$-x + y + 3z = 10 \quad (\cdot 2)$$
$$3x + 2y - 2z = 1 \quad (\cdot 3)$$

Und so weiter bis zur Lösung ($x = 1$, $y = 2$, $z = 3$). In der Geschichte mit dem Erbgut ist die Idee der Äquivalenzumformung enthalten.

$$2x + 3y - z = 5$$
$$5y + 5z = 25$$
$$5y + 7z = 31$$

Vektorrechnung

5.6 Kommutativgesetz und Addition von Vektoren

Die Tatsache, dass die Reihenfolge beim Abschreiten von Richtungen (das Kommutativgesetz) keine Rolle spielt, ist überraschend, dass Vektoren koordinatenweise addiert werden, ist ebenfalls nicht offensichtlich.

Die Übung:
Jede Gruppe teilt ein DIN-A4-Blatt in acht Kärtchen und schreibt auf jedes eine Richtung und eine Länge, z. B. „drei Meter nach Süden", „zwei Meter nach Nordwesten", ... Die Längenangaben sollten mit dem Schulhof kompatibel sein, also dementsprechend nicht zu groß gewählt werden. Anschließend markiert die Gruppe einen Startpunkt und schreitet Karte für Karte ab. Allerdings muss jede Karte genau einmal verwendet werden. Das Ziel wird wieder markiert.

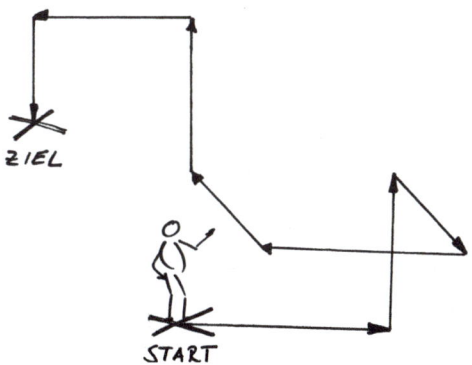

Zugegeben: Der Anfang der Übung ist nicht sonderlich spektakulär. Interessant wird es dadurch, dass die Karten *gemischt werden* und ein anderer der Gruppe den Weg, wiederum bei Start beginnend, in der neuen Reihenfolge abläuft und ungefähr am selben Zielort eintrifft. War das Zufall? Würde ein Dritter wieder am selben Ort herauskommen? Sind Abweichungen lediglich Messfehler oder gibt es einen tieferen Grund?

Dasselbe Prinzip kann auch mittels einer Figur und Stiften in kleinerem Maßstab nachgestellt werden. Die Stifte stellen die (Richtungs-)Vektoren dar und dürfen beim Vertauschen nicht die Richtung ändern. Hier wird das Kommutativgesetz der Addition „erlaufen":

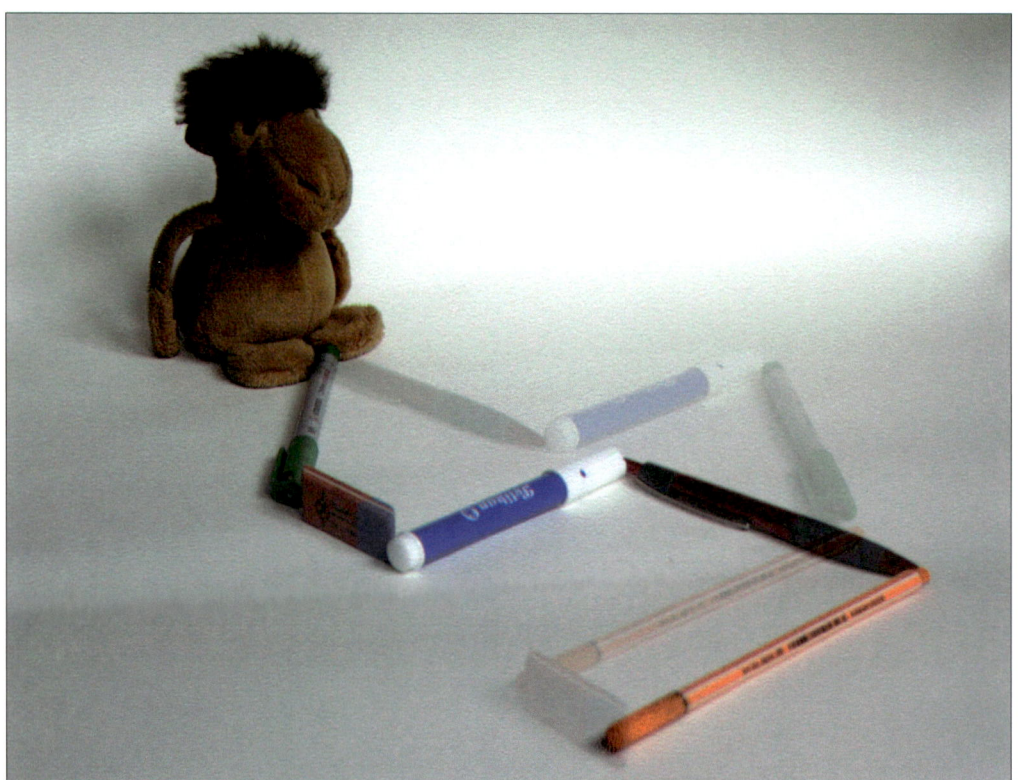

Eine Erklärung:

Eine schülernahe Erklärung findet sich mithilfe einer Projektion: Der Tageslichtprojektor wird „unendlich weit" von der Projektionswand aufgestellt, sagen wir im Norden. Betrachtet man nur den *Schatten*, also die *Projektion auf die x-Achse*, so ist der x-Wert des Standortes sehr einfach zu bestimmen:

Entfernt sich unser Held senkrecht (in y-Richtung) von der Wand, bleibt der Ort des Schattens (x-Richtung) unverändert. Geht er in eine andere Richtung, so legt der Schatten nur den x-Anteil zurück (vergleiche Abbildung links). Analog kann man den Tageslichtprojektor im Osten (um 90° gedreht) aufstellen und erhält die Projektion der Bewegung in y-Richtung. Damit ist auch der y-Wert des Zielpunktes festgelegt. Der direkte Weg vom Start zum Ziel ist die Vektorsumme.

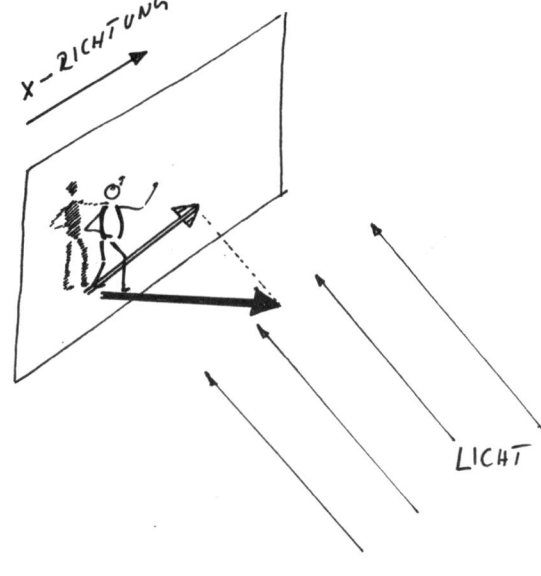

Die Erklärung führt die Vektoraddition mittels Projektion auf eine Addition in einer Koordinate zurück. Das ist keinesfalls selbstverständlich.

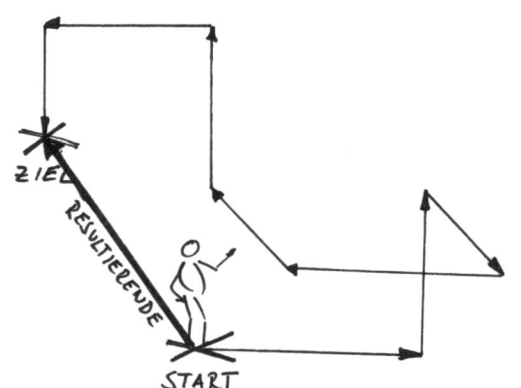

5.7 Das Klassenzimmer als Koordinatensystem oder eine Gerade aus Köpfen

Eine Gerade soll mit Hilfe von Schülerköpfen dargestellt werden. Die Schüler finden selbst Stütz- und Spannvektor.

Vorgehen:
Es wird von − 6 ab in 0,5-Schritten durchgezählt. Der erste Schüler erhält so die Zahl „− 6", der zweite „− 5,5", der dritte „− 5". Und so weiter. Der Lehrer schreibt den von t abhängigen Ortsvektor an die Tafel:

$$\vec{p} = \begin{pmatrix} 2 \\ 3 \\ 2 \end{pmatrix} + t \cdot \begin{pmatrix} -\frac{1}{2} \\ \frac{1}{2} \\ -\frac{1}{4} \end{pmatrix}$$

Jeder Schüler rechnet seine Position (Koordinaten) aus und bringt seinen Kopf in die richtige Position. Hierzu werden die Kanten einer Ecke im Klassenzimmer als Achsen eines dreidimensionalen (rechtshändigen) Koordinatensystems aufgefasst. Auch in der Oberstufe ist es keinesfalls unmittelbar klar, dass sich eine Gerade ergibt.

Im Anschluss daran soll eine Schnur entsprechend der Geraden gespannt werden. Die Schüler schreiben auf ihren Zettel (Rückseite) ihren Parameter (z. B. $t = 2$) und hängen diesen wie ein Wäschestück an die Leine. An dieser Stelle können Stütz- und Spannvektor sehr gut diskutiert werden.

Nach demselben Prinzip können auch Ebenen in Parameterform gefunden werden.

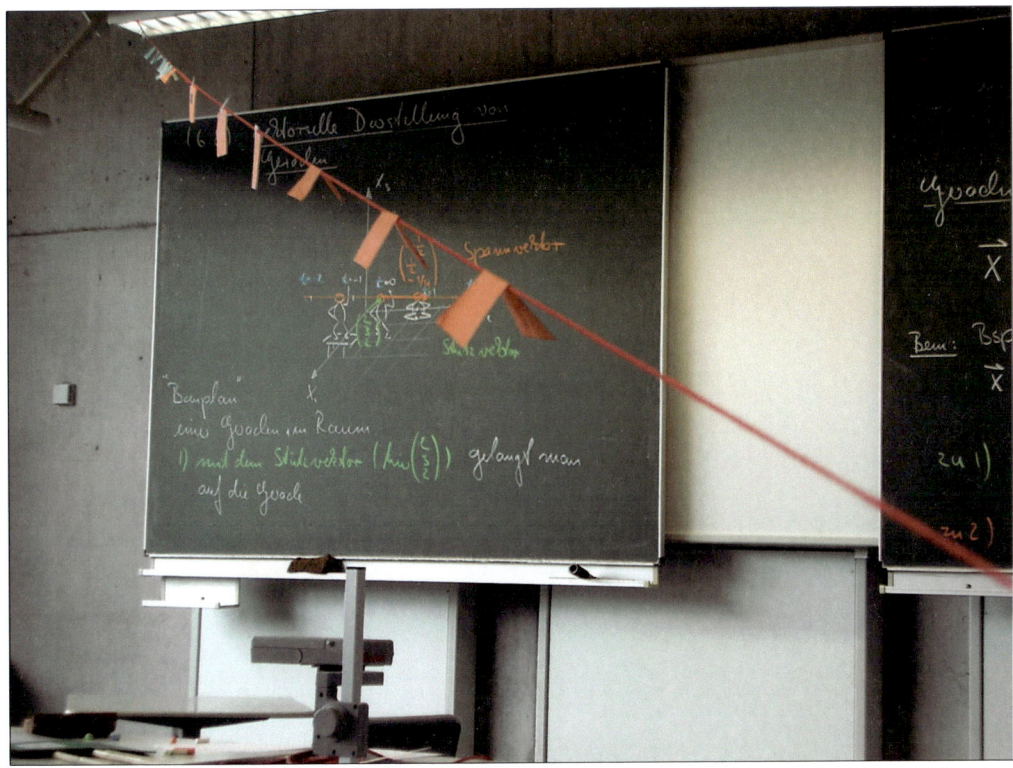

5.8 Lineare Unabhängigkeit oder ein geschlossener Rundwanderweg

Ein zentraler Begriff. Und leider etwas umständlich aufzuschreiben:
Die Vektoren heißen **linear abhängig**, *wenn mindestens einer dieser Vektoren als Linearkombination der anderen Vektoren darstellbar ist. Andernfalls heißen die Vektoren* **linear unabhängig**.

Ein Versuch einer Verbildlichung mittels Figurenarbeit an der Tafel: Fridolin kann den direkten Weg nach Hause gehen oder einen Umweg.

Der direkte Weg ist durch den Vektor $\vec{c}$ markiert. Alternativ kann *lineare Abhängigkeit* durch eine anschauliche „Definition" gegeben werden: Kann Fridolin auf irgendeinem (Um-)Weg, der durch andere weitere Richtungen (hier angedeutet durch die Vektoren $\vec{a}$ und $\vec{b}$) sein Ziel dennoch erreichen, so sind die Vektoren $\vec{a}$, $\vec{b}$ und $\vec{c}$ linear abhängig, andernfalls unabhängig.

Es geht hier um das Nachdenken und das Verstehen von *linearer Abhängigkeit* und nicht um formale Exaktheit. So fehlt in der Anschaulichkeit beispielsweise die exakte Klärung des Begriffs „Rich-

Kapitel 5 *Lineare Gleichungssysteme*

tung". Mit „Richtung" müsste auch immer „Gegenrichtung" gemeint sein.

Häufig sind Lehrer versucht, sehr früh eine exakte Definition anzuschreiben. Hierin besteht die Gefahr, dass dem Schüler die Idee entgeht. Der Kalkül steht zwar im Heft, aber leider unverstanden. Oft ist es sogar schlimmer: Da dem Schüler alles nur mitgeteilt worden ist, *glaubt* dieser die Definition zu verstehen, aber er versteht nicht. Vertritt man die Auffassung, dass jeder Schüler sich seine eigene mathematische Welt selbst *konstruieren* muss und dass eine direkte Beschulung nur oberflächlich Wissen weitergibt, sollte der Schüler zumindest die Chance erhalten, eine formal richtige Definition eigenständig zu finden. Auch wenn diese Definition „falsch" oder unvollständig sein sollte, ist dabei mehr gelernt, als durch ein bloßes Nachplappern einer Definition.

Mathematik ist eine Ideenlehre, somit reine Form ohne Inhalt. Also besitzt sie im strengen mathematischen Sinn keine Anschauung. Und dennoch sind vielleicht alle Abstraktionen in der Anschaulichkeit geboren. Und das wiederum ist richtungsweisend für die Frage, wie eine mathematische Didaktik aussehen sollte. Eine mögliche Antwort ist Figurentheater. Die Aufgabe unseres Helden Fridolin liegt somit in der Anschaulichkeit um damit Ideen zu liefern und nicht in der mathematischen Exaktheit.

Im Anschluss sei noch ein Beispiel zum Arbeiten mit Figurentheater skizziert:

Viele Beweise mithilfe von Vektoren haben folgende Bauart:
Man suche Vektoren, deren Summe den Nullvektor ergibt (geschlossener Vektorzug) und nutze dann lineare Unabhängigkeiten aus.
Das lässt sich in etwa so übersetzen:
Man suche für Fridolin einen Rundwanderweg und stelle fest, dass auch sein Schatten in jeder Projektionsrichtung insgesamt auch nicht vorwärts gekommen ist.

In sehr vielen Fällen wird das Verstehen durch das Ablaufen mit einer Figur stark vereinfacht.
Ein typisches Beispiel:
Aufgabe: Ein Dreieck ABC wird durch die Vektoren $\vec{a}$ und $\vec{b}$ aufgespannt.
M ist die Mitte von $\overline{AB}$. T teilt $\overline{CM}$ im Verhältnis 3:1. $\overline{BD}$ verläuft durch T. In welchem Verhältnis wird diese Strecke durch T geteilt?

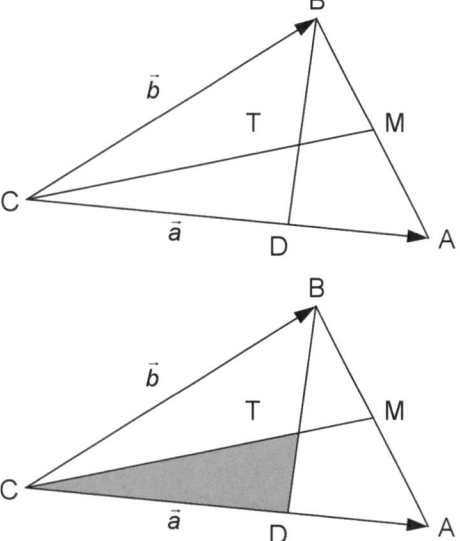

Um diese Art von Aufgaben zu lösen, werden zwei Ideen benötigt.
I. Man betrachte einen „**geschlossenen Vektorzug**", hier den „Rundwanderweg" um das graue Dreieck:
$\overrightarrow{CT} + \overrightarrow{TD} + \overrightarrow{DC} = \vec{0}$.
Dies drücke man mit $\vec{a}$ und $\vec{b}$ aus.

II. Wegen der **linearen Unabhängigkeit** von $\vec{a}$ und $\vec{b}$ müssen beide Koeffizienten 0 sein. Das bedeutet anschaulich, dass sich die Bewegung unseres Helden Fridolin zerlegen lässt, dass er also insgesamt gleich weit vor und zurück bzw. nach rechts und links laufen muss. Das lässt sich beispielsweise durch die Beobachtung des Schattens (vgl. Projektion in 5.6) gut demonstrieren. Die Projektionsrichtungen sind hier durch $\vec{a}$ und $\vec{b}$ gegeben.

Teil II
Didaktik

Kapitel 6
Methoden, die sich auf den Raum beziehen

6.1 Standpunkte einnehmen

Die Stärke dieser Technik besteht zum einen darin, dass die Schüler über Mathematik *sprechen* und zum anderen, dass jeder mitmachen muss, da er ja einen Standpunkt einnehmen muss. Zum ersten Mal begegnete ich dieser Methode in einer Klasse 7 in der Wahrscheinlichkeitsrechnung. Aus 28 Schülern (Kugeln) wurden vier ausgewählt. (Lotto: 4 aus 28 – Vergleiche auch 3.3). Hierzu wurden vier Stühle bereitgestellt: Um den ersten Stuhl zu besetzen gibt es offensichtlich 28 Möglichkeiten, für den zweiten eine weniger, da ja bereits ein Platz besetzt wurde. Ich fragte die Schüler, wie viele Möglichkeiten es gibt, um *beide* Plätze zu besetzen.

Es ist klar, dass die gesuchte Anzahl mit den Zahlen 28 und 27 zu tun hat. Aber ist nun 28 + 27 rechnen um alle Möglichkeiten zu bekommen, oder 28 · 27?

Tische und Bänke wurden zur Seite geschoben und die Fraktion, die „+" für geeignet hielt sollte nach links, die anderen nach rechts. Die Mitte wurde verboten, jeder musste eine Meinung haben:

Erstaunlicherweise standen nur drei Schüler bei der Multiplikation, der Rest war sich einig darüber, dass addiert werden müsste. Wer hat Recht?

Damit kein Chaos ausbricht, wird einem Schüler ein Redestab (beispielsweise in Form eines Stiftes, eines Mäppchens oder des Tafelschwamms) gereicht. Es darf nur die- oder derjenige reden, der im Besitz des Redestabes ist. Zwischen den Gruppen wird abgewechselt, damit beispielsweise nicht nur die „+"-Gruppe alle Argumente vortragen darf. Für alle anderen herrscht Sprechverbot. *Allerdings darf jeder Schüler zu jedem Zeitpunkt seinen Standort wechseln. Das Spiel bricht dann ab, wenn alle auf einer Seite stehen.* Der Lehrer sollte sich inhaltlich völlig heraushalten, dafür sehr streng darauf achten, dass keine Privatgespräche oder Minidiskussionen stattfinden. Ist bei den Schülern das Bedürfnis nach Einzelgesprächen entstanden, so kann man das Spiel für zwei Minuten unterbrechen und dann wieder erneut aufnehmen.

Ein paar Bemerkungen und eine Alternative:
Eigentlich hielt ich die Frage nach „Plus" oder „Mal" für banal und hätte die Antwort fast selbst an die Tafel geschrieben. Ich war überrascht, dass fast alle falsch lagen. Mitunter kommt es auch vor, dass zuerst fast alle richtig liegen, aber dann – aus irgendeinem seltsamen Argument heraus – alle zur „falschen" Seite gehen.
Es ist auch interessant, Schüler daraufhin anzusprechen, *warum* sie gerade auf ihrem Platz stehen.
Selbstverständlich kann man auch mehrere Ecken räumlich kodieren. Nummeriert man die Schülervermutungen an der Tafel durch, so können auf die Frage, wie viele Möglichkeiten vier Personen hätten, vier Plätze zu besetzen, bis zu sechs Standpunkte sinnvoll eingenommen werden. Als Ergebnis fand folgender Platzwechsel statt:

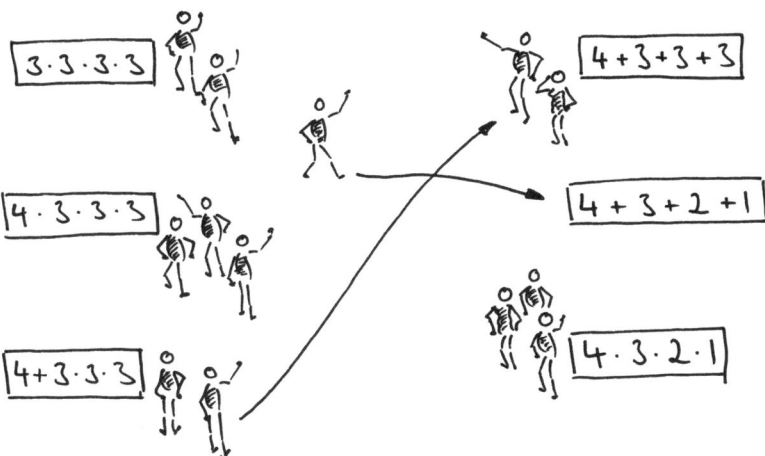

Das aktive Ringen um die Lösung, das tatsächliche Einnehmen eines Standpunktes, ermöglicht ein sehr tiefes und nachhaltiges Verständnis. Und schön ist auch, dass es keine Verlierer gibt, da solange gerungen wird bis alle auf einer Seite stehen. Zugegeben, es braucht Zeit. Aber das braucht wirkliches Lernen meistens.

Die Übung vermittelt mehr als nur Mathematik: In manchen früheren Zeiten fielen beide Gruppen übereinander her und die Gewinner erhielten Recht. Nun leben wir in einer Welt, in der die Vernunft und das logische Denken den Vorzug erhalten sollten. Nun besitzt nicht die Mehrheit Recht, sondern Recht hat der, der am *überzeugendsten* argumentiert. An dieser Stelle erzieht die Mathematik zum selbstständigen Denken, der Unterricht ist fast schon politisch. Es kommt mitunter sogar vor, dass treffende mathematische Argumente ignoriert werden, weil die Gegenrede rhetorisch geschickter formuliert wurde. – Gerne kann das *hinterher* thematisiert werden. In diesem Sinne ist diese Übung auch eine Übung in selbstkritischem Denken und in Persönlichkeitsbildung: *Wo stehe ich? Welche Argumente sind die Ursache meines Standpunktes?* Interessant ist auch, dass es – im Gegensatz zu vielen anderen Fächern – innerhalb der Mathematik eine *beweisbare* Wahrheit gibt. Es gibt eine Auflösung! *Wer wo steht und wer sich durch welche Argumente überzeugen lässt*, erhält dadurch eine ganz neue Dimension. Kurz: Es kommt auf die *Überzeugungskraft* an, nicht auf den Wahrheitsgehalt. Eben wie im Leben. Die Beschäftigung mit Mathematik ist hier also im besten Sinne *pädagogisch*. Sie lehrt eigenständiges Denken. Albrecht Beutelspacher (Mathematikprofessor, *Mathematik zum Anfassen* – Mathematikum in Gießen) stellt in seinem Buch *In Mathe war ich immer schlecht* dar, dass in der Mathematik Schülerargumente prinzipiell ebenso aussagekräftig wie die des Lehrers sind. Der Lehrer hat nicht aufgrund seines Standes Recht; wie jeder andere ist er an eine logische Argumentation gebunden. Damit gilt gleiches Recht für alle.

6.2 Tafelgruppe und Stillarbeiter

Häufig gibt es Aufgaben, die der Großteil der Klasse alleine oder in der Gruppe bewerkstelligen kann, aber eine kleine Minderheit durchweg überfordert. Das lässt sich im Unterricht sehr gut kombinieren: Der Lehrer stellt eine längere Aufgabe und bittet die Schüler, die *auf keinen grünen Zweig kommen*, zu sich nach vorne. Der Rest der Klasse arbeitet, ohne nach vorne zu sehen, während der Lehrer mit einem kleinen Teil der Klasse den Tafelanschrieb entwickelt. Im Anschluss können die Stillarbeiter ihre Lösung mit der an der Tafel vergleichen.
Wichtig ist, dass kein Schüler gezwungen wird, nach vorne zu kommen. Die Tafelgruppe besteht aus Freiwilligen. Der Schüler kann sich entscheiden, ob er die Aufgabe vorgerechnet haben oder es alleine versuchen möchte. Das ermöglicht dem Lernenden eine eigenstän-

dig gewählte Differenzierung. Es liegt in der Hand des Lehrers, dass einzelne Schüler an die Tafel kommen können, ohne ihr Gesicht als *Nichtkönner* zu verlieren. *„Wer noch einmal die Grundlagen überdenken möchte, kann nach vorne kommen."* oder *„Wer mit diesem Thema heute nicht zurecht kommt, mag an die Tafel kommen."* Solche Formulierungen stempeln nicht ab. Im Übrigen ist es auch nicht so, dass nur die Schwächeren zur Tafel kommen.

Wenn man als Lehrer mit einer kleinen Gruppe an der Tafel steht, können die Schüler tun und lassen, was sie wollen. Wenn man möchte, dass *gearbeitet wird*, kann man das mit den Schülern vorab klären: Wer die Freiheit ausnützt und nichts tut, kommt zum Nachsitzen. Das ist keineswegs als Strafe gedacht. Ein solcher Unterricht läuft eben nicht, wenn auch nur zwei Leute in der Klasse ausscheren. Wie Sie es auch machen: So effizient dieser Unterricht ist, er benötigt sehr klare Strukturen.

Ein weiterer Punkt: Die Größe der Tafelgruppe zeigt auch an, wie sicher die Klasse im Umgang mit dem Stoff ist. Mitunter kommt es vor, dass die gesamte Klasse zur Tafelgruppe wird. Im Grunde können sich jetzt alle wieder auf ihren Platz setzen und der Lehrer erklärt den Stoff nochmals an der Tafel, aber es hat eine völlig andere Wirkung, wenn die Schüler freiwillig nach vorne kommen, weil sie den Stoff hören wollen. Auch wenn alles gedrängt vorne steht.

Noch eine weitere Anwendung: In einer schwierigen Klasse (Oberstufe) bat ich die Klasse über mehrere Wochen, zu Beginn des Unterrichts einen Platz einzunehmen: Wer am Unterricht teilnehmen möchte, soll mit seinem Tisch nach vorne kommen, wer ungestört seine Zeit absitzen möchte, soll ganz nach hinten an die Wand. Der Graben zwischen Lernenden und Zeitabsitzern wird damit räumlich dargestellt und die Schüler werden hier zu einer bewussten Entscheidung gezwungen. Natürlich ist das alleine noch keine Lösung, aber es schafft zumindest Klarheit.

6.3 Rundwanderwege[8]

Ein ortskodiertes Lernen, frei nach dem Vorbild griechischer Schulen. Die Übung eignet sich zur Einführung eines Stoffes, wie auch

---

[8] Diese und weitere Methoden sind in dem Methodenhandbuch *Schule ist Theater* (Martin Kramer, Schneider Verlag, Hohengehren 2008) beschrieben.

zur Wiederholung vor einer Klassenarbeit. Das folgende Beispiel diente zur Einführung der Zinsrechnung in Klasse 7.

Umsetzung:

Sie können im Prinzip jedes Thema nehmen, am reizvollsten sind allerdings Themen, die aufeinander aufbauen. Es beginnt mit Station eins: Sarah hat 230 € und bekommt 100 % dazu. Insgesamt hat sie 230 € · 2 = 460 € auf ihrem Konto:

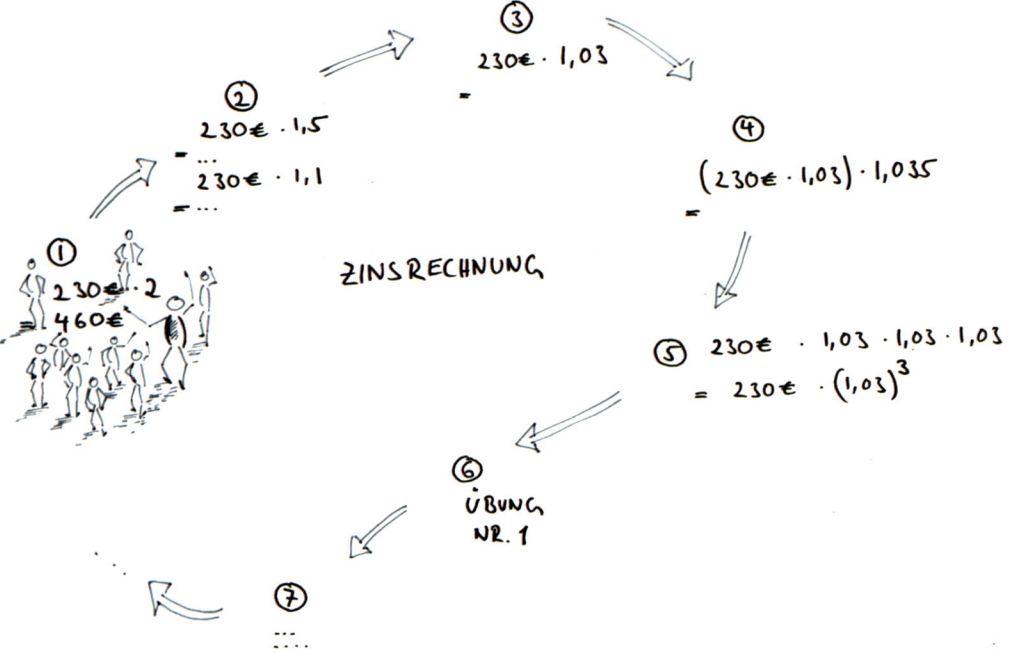

Bei Station zwei bekommt Sarah nur noch 50 % Zinsen. Damit verändert sich die Rechnung zu 230 € · 1,5 = ... Beachten Sie den fragmentartigen Aufschrieb. Es wird auf das zur Erklärung absolut Nötige reduziert. Läuft der Schüler anschließend den Weg nochmals alleine – in seinem eigenen Tempo – ab, so vervollständigt er selbstständig.

Entsprechend geht es Schritt für Schritt weiter: Nummer drei behandelt den Zuwachs um 3 %, am vierten Punkt wird in die Zinseszinsrechnung eingeführt, usw.

Der Aufschrieb selbst bietet ein ungewöhnliches Bild: Der Lehrer schreibt auf den Boden und die Schüler *stehen darüber*. Das ist eine Umkehrung des Gewöhnlichen: Der Lehrer steht vorne an der Tafel

| Kapitel 6   Methoden, die sich auf den Raum beziehen

und blickt auf seine Schüler *herunter*. Und obwohl man draußen, auf dem Boden schreibend, keinen Überblick über die Klasse hat, geht es gut. Wenn nicht, brechen Sie ab. Bei all diesen Methoden geben klare und strenge Spielregeln die Basis für einen ungewöhnlich freien Unterrichtsstil. Der Lehrer beschult nicht in erster Linie, er legt die Strukturen, dass gelernt werden kann. Bei fast jeder Übung könnte man hinzufügen: Mut zur Konsequenz. Inkonsequente Strukturgeber haben es sehr schwer und scheitern in der Regel. Das hat nichts mit der Methode zu tun.

6.4 Schritt für Schritt: Lösungen abschreiten

Matheaufgaben werden *schrittweise* gelöst. Das lässt sich bei sehr vielen Themen wörtlich umsetzen: Die Schüler schreiben Rechen-*schritt* für Rechenschritt bis hin zur Lösung auf den Schulhof:

Anschließend schreitet jeder einzeln den so entstandenen Lösungsteppich ab. Die Abbildung zeigt die Lösung eines Linearen Gleichungssystems. Haben unterschiedliche Gruppen verschiedene

Kapitel 6   *Methoden, die sich auf den Raum beziehen*

„Teppiche" entworfen, so können diese gegenseitig abgeschritten werden. Bei dieser Übung haben die Schüler die Aufgabe selbst konstruiert. Das ist anspruchsvoller, als „nur" eine Aufgabe zu lösen. Auch deswegen, weil der Schüler seinen Standpunkt wechselt: Vom Aufgabenempfänger und Aufgabenrechner hin zum Aufgabenentwickler – er wird also in gewisser Hinsicht selbst zum Lehrer.
Wichtig bei jedem Schritt ist die verbale Formulierung des Rechenschrittes. Das kann innerhalb der Gruppe durch gegenseitiges Abfragen geschehen. Vergleiche dazu auch Abschnitt 2.9.

6.5 Konstruktivismus oder in der Schule die Erklärung, der Aufschrieb zu Hause

Es geht nicht um das, was an der Tafel steht, sondern um das, was bei den Schülern hinterher im Kopf ist. Unter *Konstruktivismus* versteht man, dass ein Schüler *nicht direkt beschult* werden kann. *Eintrichtern* oder *ständiges Wiederholen* des Stoffes sind ungeeignet: Der Schüler sollte *nach* dem Unterricht in der Lage sein, das neu

Gelernte in seinem Kopf zu *(re)konstruieren*. Natürlich hört sich das provokant an. Die nun beschriebene Übung, die eine Trennung zwischen *Zuhören* und *Aufschreiben* vorschlägt, ist es ebenso:

Umsetzung:
An einer stofflich zentral wichtigen Stelle des Unterrichts, bittet der Lehrer seine Schüler, *alles aus den Händen zu legen*. Niemand *darf* mitschreiben. Sobald einer seinen Stift zückt, bricht der Lehrer mit seiner Erklärung ab. Als Hausaufgabe soll der nun folgende Unterrichtsstoff verständlich aufgeschrieben werden.
Nun vermittelt der Lehrer den Stoff so lange, bis *jeder im Raum* die Sache verstanden hat. Solange wird diskutiert und zusammengefasst, verallgemeinert wie auch konkretisiert.
Dann wird die Tafel gewischt und der Unterricht endet, ohne dass ein Schüler etwas im Heft stehen hat. Dessen Aufgabe besteht darin, sich zu Hause – fünf Stunden später – den vermeintlich klaren Sachverhalt wieder zu vergegenwärtigen *und* aufzuschreiben.
Natürlich besteht die Gefahr, dass ein eventueller Merksatz falsch ins Heft geschrieben wird. Und dann wird auch Falsches gelernt! Die Gefahr besteht. Wer allerdings einen Merksatz richtig aufsagen kann, hat ihn noch lange nicht verstanden. Natürlich ist es für den Lehrer beruhigend, wenn Tafelanschrieb wie auch der Heftaufschrieb den Stoff klar darstellen. Aber entscheidend ist eben, was der Schüler *lernt*.
Häufig geben die Schüler die Rückmeldung, dass sie es im Unterricht wirklich verstanden hätten, aber zu Hause wäre wieder alles weg gewesen. Bei einigen entsteht auch die Sorge nach einem „richtigen" Heftaufschrieb, mit dem man alles für die Arbeit lernen könnte. Der Verweis auf das Schulbuch gibt den Schülern meist nicht die nötige Sicherheit. Es kommen auch Dinge ans Licht, die sonst ignoriert werden: *„Ich will Mathematik gar nicht begreifen, ich will nur eine halbwegs gute Note schreiben."*
Die Methode ist ein Spagat. Eine Stoffzusammenfassung, ein Arbeits- und Übungsheft, eine Lerngrundlage, ein Nachschlagwerk – alles das soll das Schülerheft bieten. Meist sind es die Schüler gewohnt, von der Tafel abzuschreiben und es stellt vielleicht eine Überforderung dar, auf einmal *selbst* für alles verantwortlich zu sein. Statt dem Sprung ins kalte Wasser, den Schüler nachmittags alleine den Lernstoff rekonstruieren zu lassen, kann der Lehrer zuerst mit Lückentexten bzw. einem unvollständigen Tafelanschrieb beginnen. In einem zweiten Schritt kann die Tafel gewischt oder durch Wegklap-

pen der Aufschrieb verborgen werden. Den Schülern wird *unmittelbar* nach dem Lehrervortrag Zeit gegeben, das Gelernte aufzuschreiben. Auf jeden Fall sollte der Schüler sich nicht alleingelassen fühlen. Wenn der selbstständige Heftaufschrieb zu Hause nicht geklappt hat, dann können Sie auch gerne den gesamten Unterricht wiederholen. Die Lernbereitschaft in solchen Wiederholungsstunden ist hoch!

Das alles braucht Zeit. Aber diese Investition lohnt sich und würde es nicht zu pathetisch klingen, so könnte man sagen: *für's ganze Leben*. Entscheidend bei dieser Methode ist das Schülerbewusstsein. Auch wenn Sie die Schüler vom Sinn dieser Übung überzeugt haben, ist es vorerst für ihn einfach Mehrarbeit. Und er will in der Regel auch nicht für seinen Lernfortschritt selbst verantwortlich sein. Es findet ein *Rollenwechsel* statt: Der Lehrer ist nicht mehr der Verantwortliche für den eigenen Lernfortschritt. Das könnte sich im Unterricht beispielsweise so anhören: *„Ich kann euch keine Mathematik beibringen. Als Lehrer kann ich lediglich eine Lernatmosphäre schaffen, so dass Erkenntnisgewinn mit hoher Wahrscheinlichkeit eintritt. Ein direktes Übertragen meines Wissens in eure Gehirne ist nicht möglich: Ein jeder hier muss sich seine eigene mathematische Welt konstruieren."* Das ist *Konstruktivismus*.

Teil II
Didaktik

Kapitel 7
Gruppenarbeit

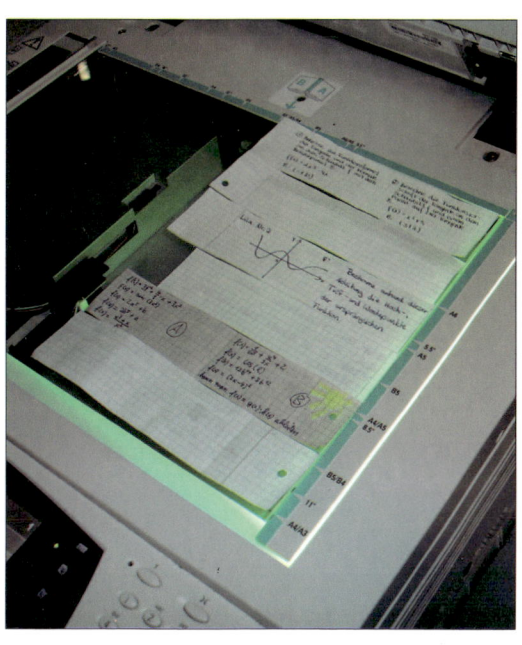

7.1 Farbgruppen bzw. Langzeitgruppen

Bei den meisten im Buch beschriebenen Beispielen wird die Klasse in Gruppen eingeteilt. In diesem Unterkapitel wird eine Möglichkeit zur Bildung von Langzeitgruppen vorgestellt. Natürlich kann das System auch auf andere Fächer übertragen werden.

Zwei Sitzordnungen: Das Farbgruppensystem

Arbeitet man häufig mit Gruppen, bieten sich Langzeitgruppen an. Das sind Gruppen, die sich nicht nur für eine Gruppenarbeit zusammensetzen, sondern über eine lange Zeit – ein bis zwei Jahre – innerhalb ihrer Gruppe zusammen bleiben. Somit muss eine Gruppeneinteilung nicht jedes Mal neu stattfinden, die einzelnen Mitglieder kennen ihre Stärken und Schwächen besser und können so besser zusammenarbeiten. In der Praxis erweist sich eine Farbcodierung der Gruppen als besonders nützlich. Somit teilt sich die Klasse in eine rote, grüne, blaue, gelbe, orange und violette Gruppe.

Der Clou liegt in dem Zusammenspiel zweier Sitzordnungen: Einer „normalen" und einer Gruppensitzordnung.

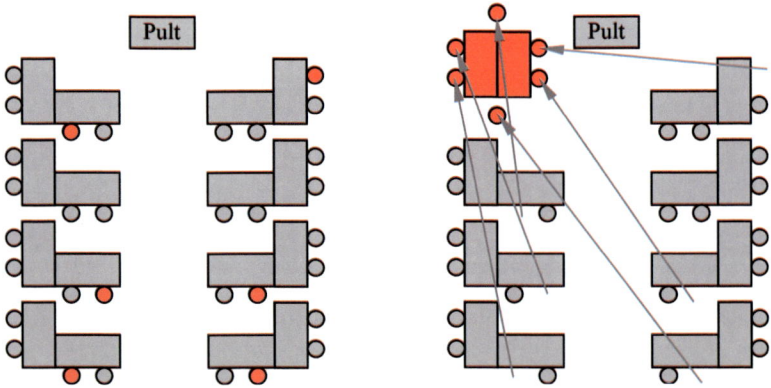

„Normale" Sitzordnung und Farbgruppensitzordnung

Damit Gruppenarbeit effektiv funktioniert, sollte sie entsprechend eingeführt werden. Hier ein Vorschlag zur praktischen Umsetzung:

1. Sensibilisierung und Vorbereitung

Zuerst ist der Schüler auf eine Metaebene zu heben. Er muss erfahren, was ihm Gruppenarbeit bringt, damit er es auch will. Erzwungene Gruppenarbeit scheitert.

Hier eine Auflistung der Vorteile:
a) *„Die Gruppe ist besser als die Summe ihrer Teile. Würde es die Gruppe nicht geben, so müssten wir sie erfinden!"*[9]
b) Schüler können sich die Unterrichtsgegenstände gegenseitig mitunter besser beibringen als wenn sie vom Lehrer beschult werden. Je ähnlicher sich Personen sind, desto besser kann gelernt werden. Und Schüler stehen sich verbal und nonverbal gegenseitig näher als dem Lehrer. Allein sprachlich betrachtet, muss der Schüler eine Generationenentschlüsselung betreiben, bevor er die Inhalte des Lehrers versteht. *„Ach sooooo – und warum sagt er's nicht gleich so? Warum so umständlich?"*
c) Was wird unter Gruppenarbeit verstanden? Tische werden zusammengerückt und es beginnen Unterhaltungen über Kino, Freundschaften und Sonstiges. Diese Gespräche sind wichtig: Hier finden die Gruppenmitglieder heraus, wie der andere jeweils ist, wie er denkt, wie er sich darstellt und wie er für gewöhnlich vorgeht. Dieses „Social Noise" wird dann zum (unterrichtlichen) Problem, wenn jede Gruppenarbeit diese Zeit im vollen Umfang *jedes Mal* aufs Neue benötigt. Hierin liegt der Vorteil *fester Gruppen*, also Gruppen, die über ein oder zwei Jahre zusammen arbeiten: Das „Social Noise" beginnt somit nicht jedes Mal von vorne.

2. Erklärung des Farbgruppensystems

Es sollen sechs gleichstarke Gruppen gebildet werden. Um dies zu gewährleisten, soll in jeder Gruppe ein „guter" Schüler sitzen. Er wird zum Ansprechpartner und Co-Lehrer der Gruppe. Fragt man die Klasse, ob dieses Vorgehen OK ist, verhindert man, dass die Co-Lehrer als „Streber" verschrieen werden. Es ist klarzustellen, dass sich hier keine einzelnen Schüler profilieren. Wenn alle Schüler diese Art von Langzeitgruppen wollen, sollen sie selbst Gruppen finden, in denen sie gut arbeiten können. Der Lehrer verteilt hierzu an die Co-Lehrer sechs farbige Kreiden: gelb, rot, blau, orange, violett und grün und bereitet ein Mindmap an der Tafel vor.

Auf die Hauptäste werden die Co-Lehrer in der entsprechenden Farbe geschrieben, der Rest der Gruppe in dessen Verzweigung. Es ist Aufgabe des Lehrers, so lange zu warten, bis alle Gruppen – so weit möglich – die gleiche Teilnehmerzahl haben. Dieses „Aussitzen"

---

[9] Aus: Wellhöfer, *Gruppendynamik und soziales Lernen*, Lucius & Lucius, Stuttgart 2001

| *Kapitel 7* | *Gruppenarbeit* |

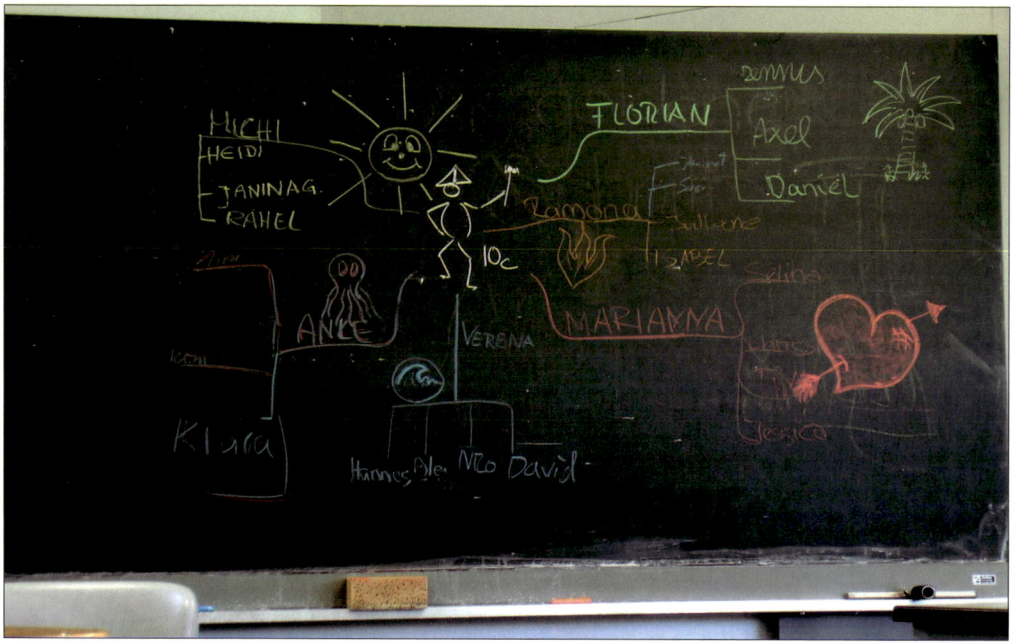

Mindmap zur Fixierung der Farbgruppen

dauert in der Regel drei Minuten, kann aber auch sehr viel mehr Zeit beanspruchen. So findet sich manchmal eine Farbgruppe sehr schnell und erachtet für sich die Einteilung als erledigt. Das ist falsch, völlig falsch: Erst wenn alle Schüler ihre Farbe gefunden haben, ist die Aufgabe, wer in welcher Gruppe ist, gelöst. So kann oder muss sich in der Praxis eine schon gefundene Farbgruppe erneut auflösen oder teilen, um neue Möglichkeiten zu schaffen. Zu bedenken ist auch, dass Arbeitsgruppen geschaffen werden sollen und nicht in erster Linie Sympathiegruppen. Wenn sich alle „Chaoten" in einer Gruppe treffen, so wird das Farbgruppensystem nicht funktionieren. Es ist die Aufgabe der Schüler und nicht die des Lehrers, hier eine Lösung zu finden.

3. Farbregionen und Fixierung
Im Anschluss wird das Klassenzimmer in Farbregionen eingeteilt. Im Beispiel zu Beginn des Abschnittes (S. 186) ist vorne links die Heimat der Farbe rot (vgl. Skizze). Die Schüler erhalten zwei Arbeitsaufträge:
- Mit möglichst wenig Tischerücken sollen sie eine „gute Sitzordnung" für ihre Gruppe herstellen.
- Danach sollen sie ein Logo – passend zu ihrer Farbe – erstellen.

Bevor die Schüler die Sitzordnung wechseln, sollte noch auf Fallstricke hingewiesen werden. Betrachtet man die Stellung der Tische in folgender Abbildung, so *kann* sich Person Nummer 2 mit Person Nummer 5 unterhalten, aber es *wird* nicht passieren. Allein die Anordnung der Tische bringt es mit sich, dass Person 5 ausgegrenzt wird.

Beobachtet man eine solche Gruppenarbeit und stellt dabei die Einzelbeiträge der Kommunikation mit Pfeilen dar, so kann man die Ausgrenzung verdeutlichen.

Zum Schluss sollen die einzelnen Gruppen ihr Logo zu der Mindmap an der Tafel hinzufügen.

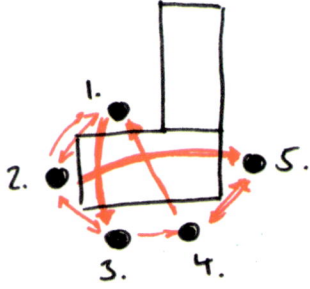

Person Nummer 5 wird aus der Gruppenarbeit (unbewusst) ausgeschlossen

7.2 Gruppenranking

Material: Magnete in möglichst sechs verschiedenen Farben, falls die Tafel nicht magnetisch ist, gehen alternativ auch Zettel mit einem Klebestreifen („post-it").

Beschreibung: Jeder Schüler erstellt eine schwierige Aufgabe (roter Zettel), eine leichte Aufgabe (grüner Zettel) und schreibt die Lösung jeweils auf die Rückseite. Weiter soll der Namen des Autors vermerkt werden, um bei Unklarheiten in der Aufgabe gegebenenfalls Rückfragen stellen zu können.

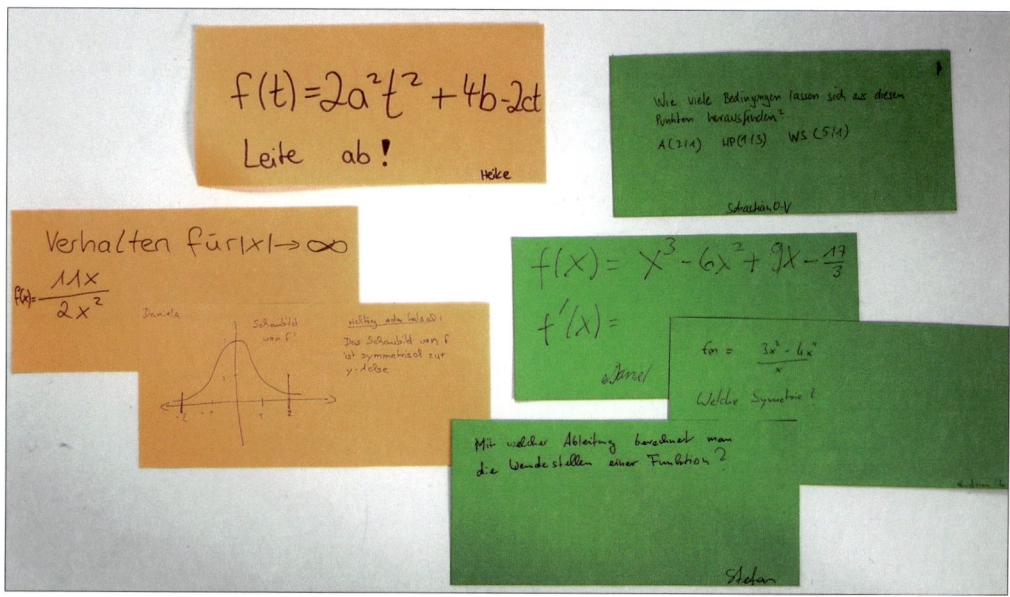

In der Zwischenzeit zeichnet der Lehrer eine x-Achse und für jede (Farb-)Gruppe eine y-Achse. In jeden Ursprung wird ein Magnet gesetzt. Vergleiche Abbildung:

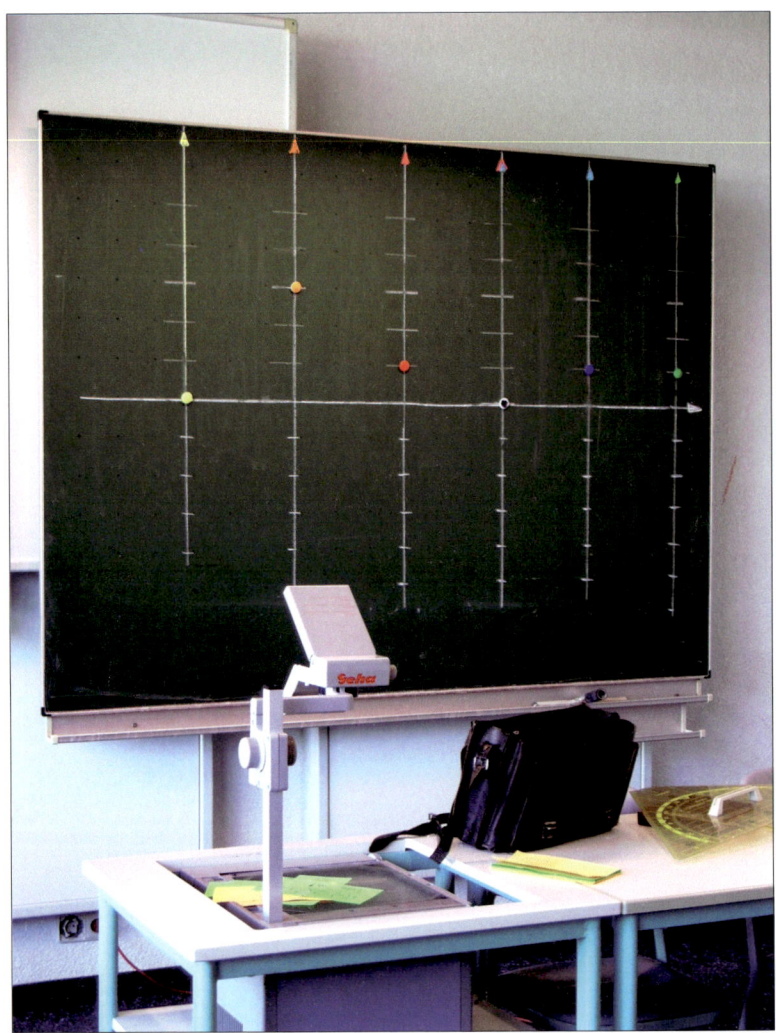

Die Zettel werden eingesammelt. Ein Prüfling wird ausgewählt. (Beispielsweise kann mit dem GTR eine Zufallszahl ermittelt und mit der Nummer in der Klassenliste verglichen werden. Auf diese Weise kann jeder jederzeit drankommen und der Zufall wird – warum auch immer – als gerechtes Verfahren angesehen.)

Der Kandidat darf den Schwierigkeitsgrad der Frage bestimmen, er darf also zwischen rot und grün wählen. Eine grüne Aufgabe ist einen Punkt wert, eine rote zwei Punkte. Wird beispielsweise eine rote Aufgabe richtig beantwortet, wird der entsprechende (Farbgruppen) Magnet um zwei Einheiten nach oben geschoben, andernfalls um zwei nach unten. Entsprechendes gilt für grüne Fragen.

Wird eine Frage falsch beantwortet, kann der Lehrer einen Schüler aufrufen. Auch dessen Antwort wirkt sich auf die Stellung der Magnete aus. Jeder Schüler handelt demnach in Verantwortung für die gesamte Gruppe.

Bemerkung:
Für den Schüler bedeutet diese Übungsstunde ein Training in drei Dimensionen: Im Stellen von Aufgaben, im Bewerten (Schwierigkeitsgrad) und schließlich im Lösen. Zusätzlich stehen die Prüflinge alleine an der Tafel und fühlen sich wie in einer mündlichen Prüfungssituation, ohne dass es für sie ernst wird.

Der Lehrer gewinnt anhand der Fragen ein recht genaues Bild über den Wissensstand seiner Schüler. Eine gestellte Frage sagt meist mehr über den Wissenstand aus als eine richtige Antwort. Oder sind Sie anderer Ansicht? Wie dem auch sei, es ist oft verblüffend, was von Schülern als eine leichte und was hingegen als eine schwere Frage angesehen wird.

Alternativen:
Werden die Themen in Teilgebiete (etwa nach Farbgruppen) aufgeteilt, ergibt sich eine gute Mischung des Stoffes. Damit kann der Schüler vor einer Klassenarbeit sein Wissen über den Stoff gut überprüfen.

Die Anfertigung der Fragen kann als Hausaufgabe erfolgen. Als mittlerer Schwierigkeitsgrad können zusätzlich gelbe Zettel verwendet werden. Die Ampelfarben rot – gelb – grün lassen sich einfach merken.

7.3 Noch einmal Gruppenranking

Typischer offener Unterricht: Die Schüler bekommen ein Problem gestellt, dass sie in der Gruppe in einer vorgegebenen Zeit lösen sollen. Zum Beispiel soll π bzw. das Verhältnis von Umfang und Durchmesser eines Kreises *ohne Verwendung des Taschenrechners* so genau wie möglich bestimmt werden. Ebenso kann gefragt werden, was $(-2) \cdot (-3)$ ergeben soll oder ob sich das Volumen einer aufrecht stehenden Pyramide ändert, wenn man ihre Spitze horizontal verschiebt, und so weiter. Die Fragen sollten so gestellt sein, dass eine fifty-fifty-Chance zur Lösung besteht. Zu einfach ist langweilig, zu schwer demotiviert.

Nach Ablauf der Zeit werden die Gruppen zu kurzen Stellungnahmen gebeten. Gibt es Farbgruppen, so kann man als Lehrer den Farbkreis (Regenbogen) durchgehen, um keine zu vergessen:

violett → blau → grün → gelb → orange → rot.

Alternativ kann die Aufgabe auch an die Tafel geschrieben werden. Hier war der Flächeninhalt gesucht (Klasse 9):

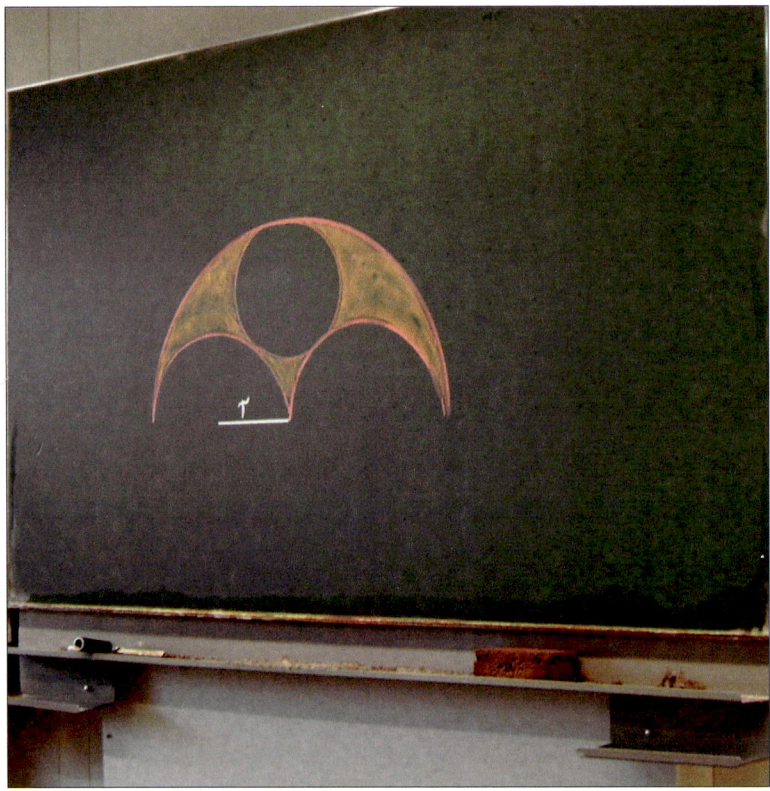

Nach 15 Minuten schreibt jede Gruppe ihren Lösungsvorschlag an die Tafel. Die Form einer Mindmap bietet sich an.

Kapitel 7 *Gruppenarbeit*

Die Qualität der Antwort wird mit Hilfe von Magneten bewertet:

Hierzu wird ein Nullniveau durch eine Linie angedeutet. Zum Beispiel wie im Bild mit Kreide auf Kreppband an der Klassenzimmerwand. Jede (Farb-)Gruppe zeichnet ihr Logo auf ein Stück Papier. Je nach Qualität der Antwort steigt oder fällt das Gruppensymbol.

Sport ohne Ranking wäre öde. Ranking ohne sportlichen Geist ist noch schlimmer. Wieder können und sollen die Schüler mitbestimmen, ob sie ein solches vergleichendes System wollen oder nicht. Solange es sportlich bleibt, ist es gut. Wird von „Losergruppen" gesprochen, sollte das thematisiert werden. Es kann nicht angehen, dass eine Gruppe bloßgestellt wird. Schließlich ist das Ziel, dass *alle* den Stoff begreifen.

An dieser Stelle soll jetzt nicht von der Rankingsidee abgeraten werden. Ranking ist ein tolles Zugpferd, bringt ein spielerisches Moment und einen Spaßfaktor selbst in die langweiligsten Aufgaben. Abraten möchte ich jedoch von individuellem Ranking, im Gegensatz zum Gruppenranking: Beim Einzelranking kann sich das Opfer im schlimmsten Fall der Verspottung nicht hinter seiner Gruppe verschanzen. Führt das Ranking allerdings in diese Abgründe, ist der Sportgeist schon lange nicht mehr vorhanden. Wird daraus eine Art Notengebung und blinder Konkurrenzkampf, ist der Spaßfaktor ohnehin weg. Zum Schluss sei noch hervorgehoben, dass schließlich und endlich der Lehrer die Qualität der Antwort bzw. die Arbeitsweise der Gruppe bewertet. Das ermöglicht, gutes Sozialverhalten positiv zu bewerten und Egostreben entsprechend negativ.

7.4 Schüler erstellen eine Klassenarbeit

Schüler werden darauf trainiert, in möglichst kurzer Zeit Fragen schriftlich zu beantworten. Das prüft eine Klassenarbeit. Bedenklich. Lässt sich ein Lernender nicht viel eher durch seine Fragen einschätzen? Gibt die Fähigkeit, selbst Fragen zu einem Thema zu stellen, nicht mehr Auskunft über das Können oder Nichtkönnen eines Schülers als Antworten, die meist nicht einmal in richtigen deutschen Sätzen formuliert werden? Es ist eine Tatsache, dass jemand ein Problem erst dann richtig verstanden hat, wenn er auch Fragen dazu stellen kann.

Praxisvorschlag:
Sie müssen die Rolle des Aufgabenstellers nicht unbedingt übernehmen. Die Schüler können das selbst:
1. Die Klasse und der Unterrichtsstoff werden vom Lehrer in sechs Gruppen eingeteilt.

2. Jede Gruppe erhält ein Thema und soll sich hierzu zwei Aufgaben überlegen, die repräsentativ für den Stoff sind. Jede Aufgabe soll in ca. 7 Minuten gelöst werden können.
3. Ein DIN-A4-Blatt wird in sechs schmale Streifen zerlegt. Jede Gruppe schreibt auf die Vorderseite eines Streifens beide Fragen und auf die Rückseite entsprechend die Lösungen. Falls der Platz für die Lösung nicht reicht, soll zumindest der Erwartungshorizont angegeben werden.
4. Der Lehrer puzzelt die Aufgaben auf dem Kopierer zusammen und kopiert die so erstellte Arbeit. Die Lösungen kommen auf die Rückseite. Das Ergebnis bekommt jeder Schüler ausgeteilt.

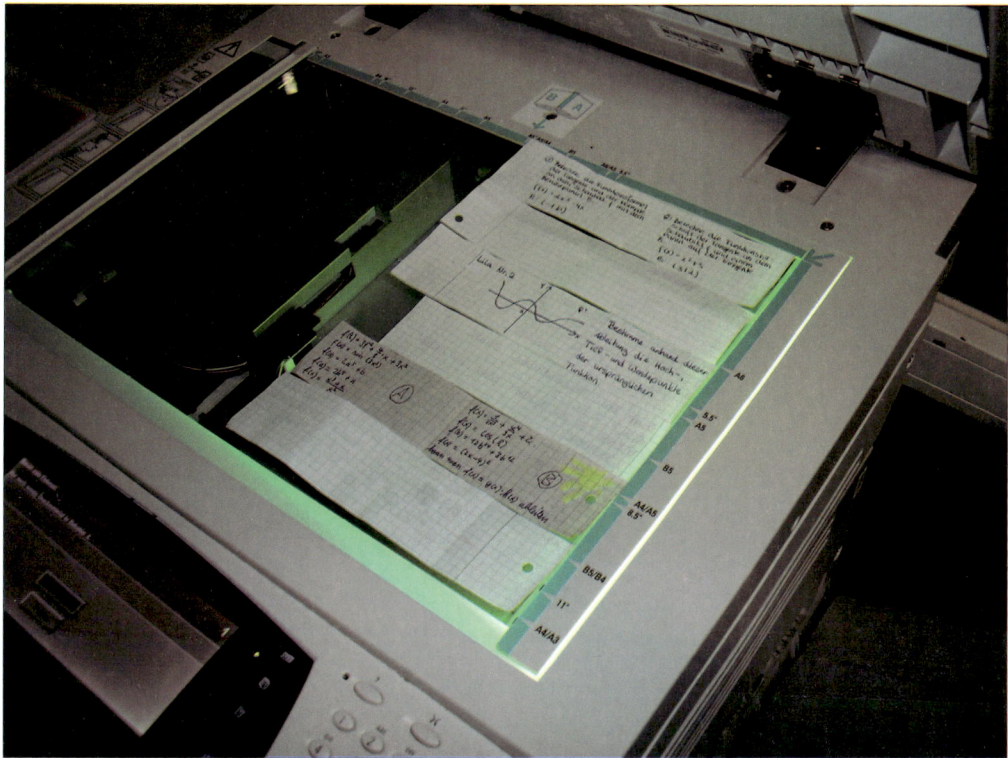

5. Die erstellten Aufgaben bilden die Grundlage für die Klassenarbeit. Hierzu wählt der Lehrer von jeder Gruppe eine der zwei Aufgaben aus und wandelt sie leicht ab. Beispielsweise können Zahlen ausgetauscht werden.

Natürlich gibt es viele Varianten: Sie können ein DIN-A3-Blatt in Streifen schneiden und dieses später auf DIN A4 herunterkopieren. So können mehr Fragen pro Gruppe untergebracht und die Aufgaben für die Klassenarbeit eins-zu-eins übernommen werden. Die Gruppen können auch zu Expertengruppen für ihre Aufgabe werden und bilden damit eine Anlaufstelle für Fragen der Mitschüler. Wenn Sie *Gruppenpuzzle* als Arbeitstechnik gut finden, nur zu. Es können ausführliche Musterlösungen erstellt und im Klassenzimmer aufgehängt werden. Sinnvoll ist sicher auch, nur *Gruppenfragen* zuzulassen, das heißt, dass nur die Gruppe eine Frage stellen darf, private Fragen werden nicht beantwortet. Damit sinkt die Anzahl der Fragen enorm und Sie haben eine Chance, in der Klasse als Berater unterwegs zu sein. Wie gesagt: Varianten gibt es viele, Sie können fast alles beliebig abändern. Interessant ist, was theatralisch bzw. didaktisch passiert:

- Entscheidend ist der *Rollentausch*, den die Schüler vollführen. Auf einmal sollen sie selbst Fragen stellen. Sie wechseln die Perspektive vom Prüfling zum Prüfer. Das ermöglicht ein viel tieferes Verständnis des Themas.
- Der Stoff, wie auch die Klassenarbeit, sind nicht mehr das Damoklesschwert des Lehrers, vielmehr wird der Schüler in den Prozess mit einbezogen. Er wird in die Verantwortung genommen: Sind Fragen unklar oder hat sich die Gruppe bei den Lösungen keine Mühe gegeben, erhält sie entsprechendes Feedback von den Mitstreitern.
- Die Machtverteilung ist anders: Der Stoff wird nicht mehr verordnet. Der Schüler denkt selbst nach, *wie* und *welche* Aufgaben er stellt. Im Grunde ist er selbst zum Lehrer geworden. Der Lerngegenstand wird zur Schülersache.
- Der Lehrer unterrichtet nicht mehr im gewöhnlichen Sinne: Er strukturiert, gibt Zeitpläne vor und ist Berater.

Teil II
Didaktik

Kapitel 8
Rollenwechsel

8.1 Schüler erklären sich gegenseitig den Stoff

Ich durfte einmal Zeuge dabei sein, wie ein Schüler seinem Kollegen etwas erklärte. Meiner Meinung nach, war die Erklärung katastrophal, es stimmte fast nichts – meiner Meinung nach. Und so erlebte ich das Wunder: Der Kollege hatte die Erklärung wirklich verstanden. Ich meinte, er *könne* diese gar nicht verstanden haben und versuchte ihn mittels Transferfragen dahingehend zu überzeugen, was mir misslang: Er *konnte* alle Fragen richtig beantworten! Da bemühte ich mich wieder und wieder um Erklärungen und durfte dann feststellen, dass eine *solche* Erklärung funktioniert.

  Das war früher. Heute glaube ich nicht, dass Schüler sich die Unterrichtsgegenstände besser beibringen können, als der Lehrer es ihnen zeigen könnte – ich *weiss* heute, dass dem so ist. Sicherlich mag es Ausnahmen geben, die gibt es immer. Aus der Erklärungsnot lässt sich eine Tugend machen: So bittet man die Schüler aufzustehen, falls sie der Lehrererklärung folgen und diese verstehen konnten.

Steht ungefähr die Hälfte der Klasse auf, so sucht sich jeder *Sitzenbleiber* einen *stehenden Erklärer* aus. Der Lehrer gibt zwei Minuten Zeit und bittet danach wiederum, dass nur die aufstehen, die den Stoff *wirklich* verstanden haben.

Die Technik klappt *dann* erstaunlich gut, wenn die Klasse es wissen *will*. Und *dann* klappt sie extrem gut. Noch ein Wort zum Schluss: *Aufstehen* wertet *auf*. Es ist also kein Zufall, dass die *Verstehenden* aufstehen dürfen und nicht etwa die *Unwissenden*, die sich dadurch blamieren würden.

8.2 Das SKJ-Prinzip[10]

Warum ist der durchschnittliche japanische Schüler besser als der deutsche?
Ein Blick auf typischen deutschen Unterricht:
1. Der Lehrer erklärt den Stoff.
2. Der Lehrer geht gemeinsam mit den Schülern eine Aufgabe durch.
3. Der Lehrer stellt vertiefende Aufgaben.

---

[10] Aus: Martin Kramer, „Schule ist Theater", Schneider, Hohengehren 2008

4. Die Schüler versuchen, die Aufgaben zu lösen und der Lehrer hilft dabei den schwächeren Schülern.

Ein Blick auf typischen japanischen Unterricht:
1. Der Lehrer erklärt den Stoff.
2. Der Lehrer geht gemeinsam mit den Schülern eine Aufgabe durch.
3. Der Lehrer teilt die Klasse auf: Die linke Seite überlegt sich Aufgaben für die rechte und umgekehrt.
4. Die Schüler lösen die ihnen gestellten Aufgaben.

Läuft es so in Japan ab? Wie dem auch sei:
- Der Schüler wechselt auch in die Rolle des Aufgabenstellers.
- Der Lehrer weiss anhand der gestellten Aufgaben, was für Schüler als schwer und welche Aufgaben als leicht eingestuft werden.
- Der Lehrer diktiert nicht mehr den Unterricht, sondern nimmt die Rolle des Organisators ein.
- Die Schüler greifen in den Unterricht mit ein. Es ist spannend, wie man eine Aufgabe immer weiter ändern und komplizierter gestalten kann. Ein gegenseitiges Ranking treibt die Klasse voran.
- Diese Übungsstunde bedarf keinerlei Vorbereitungszeit.

Die Idee stammt von Ulrich Stolte und ist genial einfach. Trotzdem endet mein erster Versuch, eine Schulstunde auf diese Weise zu gestalten, im Chaos. Es ist einfach nicht möglich, dass sich eine halbe Schulklasse gemeinsam auf eine Aufgabe einigt, deutsche Schulklassen sind zu groß. Mit sechs Gruppen (vgl. Farbgruppen in 7.1) klappt es hervorragend. Somit versteht sich der Name der Technik: **Stolte-Kramer-Japan**.

Das SKJ-Prinzip:
Zuerst überlegt sich jede Gruppe eine Aufgabe, löst diese und schreibt sie danach in ein Feld. Das kann seine Zeit dauern, da das *Stellen* einer Aufgabe genauso schwer sein kann wie das *Lösen*.
In der zweiten Phase löst jede Gruppe die gegenüberliegende Aufgabe. Zum Beispiel ist die Aufgabe im Feld unten links für die Gruppe bestimmt, die ihre Übung rechts unten hingeschrieben hat. Ansprechpartner ist immer die Gruppe, die die Aufgabe erstellt hat.
Als Hausaufgabe bearbeiten alle Schüler alle Aufgaben.
Der Schüler wechselt damit in doppelter Hinsicht seine Rolle: Vom *Aufgabensteller* zum *Aufgabenlöser* und vom *Teampartner* in einer Gruppe zum *Einzelkämpfer* bei der Hausaufgabe.

8.3 Freundliche Abfragetechniken

Das Abfragen birgt die Gefahr in sich, Schüler bloßzustellen. Ansonsten ist diese Technik eine gute Möglichkeit, um zu überprüfen, ob man den Stoff selbst beherrscht. Die hier aufgeführten Methoden sollen Alternativen zu gewöhnlichem Abfragen aufzeigen.

Beweise oder Aufgaben zerschneiden

Schritt für Schritt einen Beweis nachzuvollziehen, ist eine Sache. Den Beweis eigenständig wieder zu rekonstruieren, ist mitunter sehr schwierig. Zum Beispiel, die *Herleitung der Lösungsformel (Mitternachtsformel) mittels quadratischer Ergänzung*. Aber man kann fast alles (mathematische) Denken in Teile bzw. Teilschritte zerlegen.

Umsetzung:
Der Beweis der abc-Formel wird Schritt für Schritt an der Tafel (bzw. als Rundgang, vgl. 6.3) lehrerzentriert entwickelt. Danach bekommen die Schüler den vollständigen Beweis, allerdings durcheinander:

Kapitel 8 — Rollenwechsel

Aufgabe: Schneide die Streifen aus und klebe sie in richtiger Reihenfolge ins Heft.

$$\left[x^2 + \frac{b}{a}x + \left(\frac{b}{2a}\right)^2\right] - \left(\frac{b}{2a}\right)^2 + \frac{c}{a} = 0$$

auf einen Nenner schreiben

$$ax^2 + bx + c = 0$$

eine „geschickte Null" einfügen – quadratisch ergänzen

$$x^2 + \frac{b}{a}x + \left(\left(\frac{b}{2a}\right)^2 - \left(\frac{b}{2a}\right)^2\right) + \frac{c}{a} = 0$$

Division durch a

$$x_{1/2} + \frac{b}{2a} = \pm\sqrt{\left(\frac{b}{2a}\right)^2 - \frac{c}{a}}$$

Binomische Formel $(a+b)^2 = a^2 + 2ab + b^2$ anwenden

$$x_{1/2} = -\frac{b}{2a} = \pm\sqrt{\frac{b^2}{(2a)^2} - \frac{c}{a} \cdot \frac{4a}{4a}}$$

Umwandlung einer rein quadratischen Gleichung in eine lineare Gleichung

$$x_{1/2} = \frac{-b \pm \sqrt{b^2 - 4ac}}{2a}$$

Nenner unter der Wurzel geeignet erweitern

$$\left[x + \frac{b}{2a}\right]^2 - \left(\frac{b}{2a}\right)^2 + \frac{c}{a} = 0$$

teilweises Wurzelziehen

$$x_{1/2} = -\frac{b}{2a} \pm \frac{\sqrt{b^2 - 4ac}}{2a}$$

Binomische Formel einklammern

$$x^2 + \frac{b}{a}x + \frac{c}{a} = 0$$

Alternativ können die Schüler die Lösung in der Folgestunde in Gruppen puzzeln. Beim Sortieren und Legen müssen alle Denkschritte nochmals überdacht werden.

Wissen in der Streichholzschachtel
Vergleiche hierzu in Kapitel (2.10) *Wissen in der Streichholzschachtel*.

Kugellager
Vergleiche Beispiel in 2.8 *Differenziertes Kugellager*

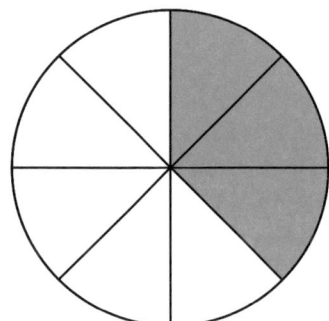

Vierfeldertafel: Rechnen – Grundwissen – Diagramme – Transfer
Die Tafel wird entsprechend der Überschrift in vier Quadranten aufgeteilt. Ein Freiwilliger bekommt einen Magneten und darf diesen in ein Feld setzen. Daraufhin wird ihm eine entsprechende Frage gestellt. Lautet das Thema zum Beispiel Bruchrechnen und wurde der Magnet auf dem Feld Diagramme platziert, so könnte die Aufgabe lauten: *Stelle 37,5 % (bzw. ⅜) grafisch dar.* Und die Lösung könnte beispielsweise wie links dargestellt aussehen.

Wenn die Mitschüler meinen, die Aufgabe wäre zur Zufriedenheit gelöst, wird geklatscht. Unser Freiwilliger ruft daraufhin einen Nachfolger auf. Zwecks besserer Vermischung können Jungen jeweils Mädchen aufrufen und umgekehrt.
Alternativen und Varianten gibt es natürlich wie immer viele. So kann jede Farbgruppe im Vorfeld zuerst vier Aufgaben stellen und der Lehrer wählt dann aus. Auch als Hausaufgabe ist das Erstellen von Aufgaben lehrreich – für den Schüler und für den Lehrer. Letzterer bekommt auf diese Weise eine unmittelbare Rückmeldung darüber, *was* Schüler als schwer und was als leicht empfinden.
Pädagogischer Hintergrund: Abfragen bedeutet für den Schüler meist, dass er vor der Klasse steht und sich ausgeliefert fühlt. Weiter besteht die Gefahr, bloßgestellt zu werden.
Wesentlich in der Übung ist also, die Möglichkeit des Schülers durch seine Wahl selbst in das Geschehen einzugreifen. Da es vier Themenfelder sind, ist die Gefahr durch eine Bloßstellung reduziert: Die Frage behandelt ja nur *ein* Teilgebiet und in *einem* Teil darf man auch einmal nichts wissen.
Mit *Hier und Jetzt* kann man nicht nur bei dieser Übung sondern generell Betroffene schützen. Bei *diesem Thema, in diesem Moment*

etwas nicht zu können ist keine Schande. Fast jeder kennt einen Blackout. Konkretisieren relativiert!

Dominos
Frage – Antwort. Alles was in dieses Schema passt, kann mittels Kugellager, Abfragen mit Streichholzschachteln, Karteikarten umgesetzt werden. Das Neue an *Dominos* ist, dass man diese *legen* kann. Wie bei allen Methoden, die eigenverantwortliches Lernen propagieren, besteht die Gefahr, durch Fehler Falsches zu lernen. Natürlich kann der Lehrer alle Aufgaben mit Lösungen überprüfen. Aber das ist aufwendig und widerspricht auch der Idee der *Eigenverantwortlichkeit*. Entscheidend ist auch gar nicht so sehr die Fehlerfreiheit im Material, sondern der Umgang mit Fehlern. Das Verstehen eines gemachten Fehlers ist ungleich mehr wert, als eine Übung richtig gelöst zu haben. Leider steckt die Fehlerkultur noch in den Kinderschuhen: Denken Sie zum Beispiel an die Korrektur von Klassenarbeiten. Der Rotstift streicht nur Falsches an, jeder Fehler hat *bestrafenden* Charakter, da er die Schülernote verschlechtert. *Vermeidung statt Verstehen* könnte man sagen. Aber hier in einem Methodenbuch sollen Albernheiten der Notengebung nicht diskutiert werden. Zurück zur Übung:

Umsetzung:
Zuerst werden ca. zwölf DIN-A5-Blätter zu einem geschlossenen Muster zusammengelegt. Es gibt natürlich viele Möglichkeiten, hier sind zwei skizziert:

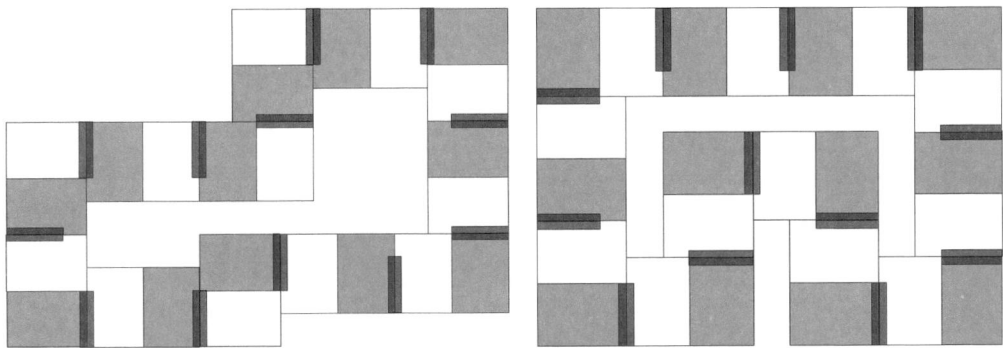

Dieses Lösungsmuster wird fixiert, indem die Berührstellen farbige Balken erhalten (hier als dunkelgraue Streifen dargestellt). Diese Balken können als Magnete oder Klettverschlüsse interpretiert werden: An diesen Stellen wird später angelegt.

| Kapitel 8 | Rollenwechsel |

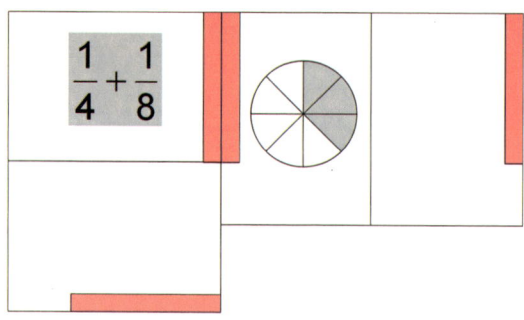

Im nächsten Schritt überlegt sich jede (Farb-)Gruppe Fragen und Antworten zu einem bestimmten Thema. Diese werden so auf zwei Dominosteine geschrieben, dass dazwischen ein Magnetpaar ist. Das könnte in etwa so aussehen (s. Abbildung links).

Wenn jede Gruppe eine andere Papierfarbe bekommt, dann werden die Dominosätze nicht vermischt.

Damit alle Dominos gleichzeitig fertig werden, empfiehlt es sich, einen Zeitrahmen festzulegen. Zwei Schulstunden wurden hier angesetzt. In der dritten Stunde musste jede Gruppe ein fertiges Domino besitzen. Manche Gruppen trafen sich deswegen außerhalb des Unterrichts oder sie verteilten untereinander Aufgaben.

Schließlich wandern die Gruppen von Tisch zu Tisch und legen die Dominos der anderen Gruppen. Bei richtigem Aneinanderlegen entsteht eine geschlossene Lösungsfigur.

Einsatzmöglichkeiten: Vor einer Klassenarbeit kann zu jedem Themenbereich ein Domino angefertigt werden. So hat jeder Schüler einen Überblick über das gesamte Thema. Ebenso kann man am Jahresende auf diese Weise den Schulstoff noch einmal zusammenfassen. Wenn man damit im Folgejahr wieder einsteigt, kann man vielleicht einiges an Wissen in die nächste Klasse hinüberretten. Effektiv wird dieses Arbeiten, wenn die Klasse zuvor gefragt wurde und das Domino auch nutzen will. Mit Gewalt lässt sich ein solches Arbeiten schwerlich durchsetzen.

Hier stellten die Schüler die Dominokarten selbst her. Das entspricht dem Ansatz des *Konstruktivismus*, benötigt allerdings Zeit. Alternativ gibt es zu verschiedenen Themen bereits fertige Mathedominos im Handel.[11]

---

[11] Martin Kramer, *Mathedominos*, AOL-Verlag, 2007

Teil II
Didaktik

Kapitel 9
Mathematik am Rande des Bildungsplanes

9.1 Mathematik. Wozu überhaupt?

In Schülersprache: „Wozu braucht man den ganzen Schrott?" Jeder Lehrer kennt Fragen dieser Art. Und wie schwer ist es, darauf zu antworten. Sehr schwer. Vielleicht wegen dieser Art von Aufgaben:
„Ist es möglich, eine 2,15 m lange und 1,05 m breite, rechteckige Holzplatte durch eine Glastür zu transportieren, die 1,92 m hoch und 75 cm breit ist?"
Dieser Typus findet sich meist im Abschnitt „Anwendungen" unter der Rubrik „Im Alltag". Das mit dem Alltag und den Anwendungen ist natürlich zusammengebastelt und fast gelogen. Sicher ist, dass irgendjemand schon einmal in seinem Alltag den Satz des Pythagoras angewendet hat, das Gegenteil zu behaupten, wäre absurd. Was mich betrifft: Nach 13 Schuljahren, sieben Jahren Studium in den Fächern Mathematik und Physik und nach jahrelanger Tätigkeit im Schuldienst gestehe ich, diesen Satz in meinem Alltag noch nie angewendet zu haben. Ich habe es bisher immer ausprobiert, ob beispielsweise eine Holzplatte durch die Tür geht oder nicht.
Was ist nun alltagstauglich? Was sind die Anwendungen im Alltag? Eine Mutter fragte mich an einem Elternstammtisch: *„Für was braucht meine Tochter das Rechnen mit Logarithmen irgendwann einmal im Leben?"*.
Die ehrliche Antwort ist: Vermutlich für nichts. Sie wird mit großer Wahrscheinlichkeit nie wieder in ihrem Leben einen Logarithmus berechnen. Sie wird sogar nach kurzer Zeit die Rechenregeln vergessen. Und sie wird sich vermutlich einprägen, dass *Logarithmen* etwas Schlimmes sind.

Aber das ist eben nur ein Teil der Wahrheit. Es ist wahr, dass uns in unserem Alltag die Mathematik der ersten vier Grundschuljahre ausreicht, vielleicht noch etwas Bruchrechnen in Klasse 5 und 6 – aber das war's dann auch. Und Beispiele für eine „Alltagsuntauglichkeit" gibt's wie Sand am Meer und vor allem sind sie so leicht zu formulieren: Wer von uns braucht denn schon Trigonometrie, Körper- und Kreisberechnungen, Integral- und Differentialrechnung, Vektorrechnung oder die vollständige Induktion *im Alltag*?
Auf der anderen Seite würde ohne Mathematik kein Auto fahren und kein Flugzeug fliegen. Medizin und Technik wären im Mittelalter stecken geblieben. In unserer heutigen Welt begegnet uns die Mathematik tausendmal am Tag, beginnend mit dem Wecker und dem Anknipsen des Lichtschalters.

Kapitel 9 — Mathematik am Rande des Bildungsplanes?

Mathematik ist vielleicht die größte Leistung, die der Mensch je entdeckt oder hervorgebracht hat. Eine reine Form zu schaffen, ohne Inhalt. Ist eine Formel gefunden, die Strömungen beschreibt, so ist es egal, was da strömt: Wasser in Kanälen, Blut in Adern, Luft im Windkanal, ... alles wird universell mit einer Formel beschrieben. Aber auch das ist noch kein Argument, warum ein Schüler Mathematik erlernen sollte. Über ein Jahrzehnt, als Kernfach.

Wozu Mathematik? Vielleicht geht man dieser Frage auch gerne aus dem Weg, weil man selbst nicht so recht weiß, *warum* Mathematik eines der wichtigsten Fächer in der Schule ist. Aber vielleicht liegt es auch daran, dass man keine *einfache* Antwort darauf hat. Und schließlich wird man als Unterrichtender natürlich selbst in Frage gestellt.

Es ist seltsam, erschreckend, ja beinahe absurd, dass man Mathematik unterrichten *kann*, ohne mit den Schülern den Sinn von Mathematik zu klären. Wenn ein Schüler Mathematik *lernt*, ohne einen Sinn hinter dem Fach zu erkennen, *lernt er dann nur aus Gehorsam*, weil er es muss, weil er einen Abschluss haben möchte? Und was *lernt* dieser Schüler in diesem Falle auf einer zweiten, höheren Ebene? Es erschreckt mich, darüber nachzudenken. *Der Schüler muss ja als unreif betrachtet werden, er weiß noch nicht, was für ihn gut ist. Wenn er den Sinn nicht einsieht, dann muss er zu seinem Glück gezwungen werden, denn die Wichtigkeit von Mathematik steht außer Frage. Und das betrifft auch Schüler, die bereits volljährig sind und zur Bundestagswahl gehen.* Sicher ist der Schüler *noch in der Ausbildung*, aber andererseits soll er ja gerade seinen eigenen Lernprozess eigenverantwortlich und bewusst mitgestalten (eigenverantwortliches Arbeiten). Dieser Abschnitt ist das Ergebnis vieler Diskussionen. Diskussionen mit Schülern. Eine Einstellung lässt sich nicht lehren wie beispielsweise der Satz des Pythagoras. Dennoch lohnt es sich hierfür Zeit zu nehmen. Um wie viel besser und motivierter und erfolgversprechender *lernt* ein Mensch, wenn er weiß *wozu*.

Umsetzung im Unterricht:
Der Lehrer erhält zu Beginn des Unterrichts eine Redezeit von fünf Minuten und erklärt, warum es für ihn Sinn ergibt, dass Mathematik in der Schule unterrichtet wird. Die Schüler sollen hierbei nicht beschult, sondern zu einem eigenen Gedanken angeregt werden. Der Idee des Konstruktivismus' folgend, soll in der nachfolgenden Diskussion (ca. 20 Minuten) jeder Schüler für sich selbst über Sinn oder Unsinn zu einem Schluss kommen. Um ein Durcheinander zu verhindern, kann wie in 6.1 ein „Redestab" eingesetzt werden. Es gibt viele Ansätze, über Schule nachzudenken:

| Kapitel 9 | Mathematik am Rande des Bildungsplanes? |

Was macht den Mensch zum Menschen? Ein Dreifuß: Sprache und Logik wäre vielleicht noch eine Maschine. Kunst ist das dritte Bein.

Wie sollte eine Schule aussehen, die junge Menschen unterrichtet? Was braucht der Mensch um voll Mensch zu sein?

Unabdingbar ist jede Art von *Kommunikation*. Ohne Sprache können wir Menschen nicht miteinander in Kontakt treten. Dazu gehören gesprochene und geschriebene Sprache, ebenso Körpersprache, Schulung in Rhetorik, Kommunikationsschwierigkeiten, die Sprache der Werbung, Fremdsprachen, vielleicht auch Zeichensprachen. Weiter der Umgang mit Telefon, Briefen und Mails. Virtuelle Kommunikationsplattformen. Und so weiter.

Miteinander Reden genügt aber nicht. Damit etwas Sinn ergibt, benötigt der Mensch ein *strukturierendes Denken*. Damit öffnet sich das Reich der Naturwissenschaften, logischer Verknüpfungen, abstrakten Denkens. Das unterscheidet den Mensch von einem Vierbeiner: Zeigt man einem Hund einen Ort mit dem Zeigefinger an, so schaut dieser auf den Finger, nicht auf das „abstrakte" Ziel, auf das gedeutet wurde.

Aber es bedarf noch mehr als Sprache und strukturellen Denkens, um ganz Mensch zu werden. Es ist denkbar, eine Maschine zu bauen, die alles Obenstehende kann. Was noch fehlt, ist die Gabe des Menschen, *etwas schön zu finden*. Zum Beispiel der Anblick eines kleinen Kindes oder einer Blume. Was fehlt, ist das Reich der Ästhetik und der Kunst. Um etwas schön zu finden, muss man das Schöne auch sehen können. Die Religiosität des Menschen ist etwas weiteres, sie soll neben der Ästhetik ihren Platz finden.

Somit sind an eine Schule, die dem Menschen gerecht werden soll, drei Forderungen gestellt: Kommunikation, strukturelles Denken und die Lehre der Ästhetik.

Mathematik ist Form ohne Inhalt. Alle Gegenstände der *Mathematik* sind Ideen. So gibt es in der Realität keine Gerade und keinen Kreis, nur Annäherungen an die Idee von Gerade und Kreis. Vielleicht lässt sich strukturelles Denken nicht besser schulen.

Kein Auto, kein Kühlschrank, ... ohne Mathematik

Wenn man den Tag durchgeht – vielleicht nur vom Klingeln des Weckers bis zur ersten Unterrichtsstunde – begegnet man zig Dingen, die ohne Mathematik nicht möglich wären. Es beginnt beim Wecker, geht weiter mit dem Lichtschalter, bis hin zur Müsliverpackung, deren Gestaltung und Füllhöhe, zum Radiogedudel und schließlich ist da noch Bus oder Fahrrad. Und so weiter.

Natürlich ist das ein recht pragmatischer Ansatz. Aber es bleibt etwas wunderlich: Mathematik, eine Lehre in der Abstraktion, ist dennoch die Basis für all die technischen Dinge, die uns umgeben. Sie würden dieses Buch nicht lesen, ohne Mathematik. Schon allein deswegen, weil es mit einem Textverarbeitungsprogramm geschrieben wurde.

Eine Weltsprache, mehr noch: Eine Sprache für das Universum

Wollte man zu Wesen aus einer fremden Welt sprechen, so ist es recht unwahrscheinlich, dass man mit Englisch oder irgendeiner anderen Sprache auf dieser Welt Verständigung erreicht. In dem Film *Contact* (USA 1997, Regie Robert Zemickes, Judie Forster in der Hauptrolle) findet der erste Kontakt über Primzahlen statt.

Nicht aus dem hohlen Bauch heraus ...

Nicht aus irgendeinem vagen Gefühl heraus sollen manche Zeitungsaussagen als unwahr und irgendwie seltsam bewertet werden. Vielmehr liegt der Sinn in strukturellem Denken, dass man weiss, dass beispielsweise hohe Politiker mitunter Dummheiten erzählen – und zwar von einem logischen Standpunkt aus betrachtet. Um ein Beispiel zu geben: Aus **A** folgt **B**. Dann folgt aus **nicht B nicht A**. Häufig wird in Diskussionen logisch falsch geschlossen: Aus **A** folgt **B**. Ergo: Aus *nicht A* folgt *nicht B*. Letzteres ist unlogisch.

In der Reihe „Was ist was" gibt es einen Band über *Mathematik. Der Zahlenteufel* von Hans M. Enzensberger und Rotraut S. Berner ist ebenso ein gutes Buch, das einen Eindruck darüber vermittelt, was Mathematik ist. Das alles sind Ansätze, über Mathematik nachzudenken. Wichtig ist allein, dass es Raum gibt, über die Frage nachzudenken: Wozu Mathematik?

9.2 Bin ich mathematisch?

Im letzten Abschnitt ging es um die Frage, wozu man Mathematik braucht. Hier wurde versucht, Mathematik als etwas im Menschen Innewohnendes zu begreifen. Wieder wird versucht, *ein Nachdenken*

| Kapitel 9   Mathematik am Rande des Bildungsplanes? |

über *Mathematik* in Gang zu setzen. Der folgende Flyer wurde ca. 500 Mal gedruckt und während der großen Pause verteilt. Die Aktion ist eine Anwendung der in Jugendzeitschriften bekannten Psychotests auf die Mathematik.

Vorderseite:

Bin ich mathematisch?

1. **Du siehst ein Randstück eines zerbrochenen Tellers. Was passiert in Deinem Kopf?**
   (A) Ja und? Noch was? War der Teller wertvoll?
   (B) Der Tellerrand ist kreisförmig. Schon klar. Und da wird's auch Leute geben, die dann den Durchmesser bestimmen wollen oder können.
   (C) Ich weiß zwar nicht, wie ich den Durchmesser bestimmen könnte, aber die Chance ist groß, dass ich mich einige Zeit später, mit dem Bleistift Skizzen kritzelnd wiederfinde.
   (D) Das sind genau diese Fragen. Als ob es sonst keine Probleme geben würde! Bin ich etwa Archäologe?

2. **Dein Mathelehrer erzählt in der Stunde etwas darüber, dass dieses Fach Sinn macht. Ich denke:**
   (A) Ohne Mathematik würde heute kein Auto fahren, kein Licht brennen, kein Kühlschrank funktionieren.
   (B) Bei mir zu Hause habe ich weder Wurzeln noch Logarithmen gebraucht. Die Wahrheit ist: Mathematik braucht man nicht, zumindest nicht in der Schule. Ein kleiner Teil der Menschheit kann sich von mir aus damit beschäftigen, das reicht völlig.
   (C) Vielleicht für den Lehrer. Sonst hätte er ja keinen Job.
   (D) Mathematik ist ein Kulturgut. Wie kann man in einem Land leben, das in fast allen Dingen Mathematik enthält und dabei nicht einmal die einfachsten Grundlagen verstehen.

3. **Sollte Mathematik an der Schule unterrichtet werden?**
   (A) Was ist der Mensch? Ein Wesen, das kommunizieren kann, das in Strukturen denken kann und das Werte besitzt. Diese drei Dinge machen den Menschen zum Menschen und strukturelles Denken ist Mathematik.
   (B) Man sollte eine AG einführen: Die, die es brauchen und wollen, die sollen es machen. Aber nicht zwangsläufig.
   (C) Ich habe noch nie kapiert, warum dieses Fach ein Kernfach ist und Musik und Kunst Nebenfächer.
   (D) Computerspiele machen auch Sinn. Sie fördern beispielsweise die Reaktionsgeschwindigkeit. Trotzdem werden sie an der Schule nicht unterrichtet.

Rückseite:

Auswertung:

	A	B	C	D
Frage 1	0 Punkte	1 Punkt	4 Punkte	2 Punkte
Frage 2	3 Punkte	2 Punkte	0 Punkte	1 Punkt
Frage 3	3 Punkte	2 Punkte	1 Punkt	1 Punkt

Punkte	Testergebnis
0	Ich bin bereits an der Auswertung gescheitert.
1 – 4 Punkte	Mathematik ist nur eine Betrachtungsweise, aber auch wenn du es vielleicht nicht wahrhaben möchtest: Auch in deinem Hirn existieren mathematische Denkmuster.
5 – 7 Punkte	Nach den Punkten bist du weder „mathematisch" noch „unmathematisch". Besser ist diese Formulierung: Du weißt im Moment noch nicht, was alles in deinem Denken mathematisch ist.
8 – 10 Punkte	Du fragst Dich wahrscheinlich, in wie weit die Fragen zum Thema „bin ich mathematisch" passen und hinterfragst das Bewertungskriterium: Gratulation zu so einem hohen Abstraktionsgrad.

Ist es schlimm ein mathematisch denkender Mensch zu sein?
Eine Initiative zur Aufwertung der Mathematik im angebrochenen Jahrtausend.

Dieser Umfragebogen kann eingesammelt werden oder auch nicht. Es geht darum, einen Denkprozess anzuregen. Vielleicht kann diese Umfrage vor einer Diskussion über Mathematik als Impuls dienen. Aber es macht auch Spaß als Lehrer damit eine Pausenaufsicht zu gestalten oder damit auf den Schulhof zu gehen. Machen Sie genügend Kopien!

9.3 Ein Labyrinth für Blinde oder lokale und globale Betrachtungen

Material: Dicke Schnur (es gehen auch Seile oder Verlängerungskabel), Kreppband und Schere, ein großer Raum mit möglichst zwei Türen. Dauer: 70 – 90 Minuten.

Vorbereitung: Geschickt ist ein Raum mit zwei Türen. Der Leiter spannt mit Kreppband und Schnur ein Labyrinth vom Ein- zum Ausgang mit Kreuzungen und Irrwegen auf. Wegen der Verletzungsgefahr müssen alle Schnüre weit genug von Gegenständen entfernt sein. Aus diesem Grund sollte die Schnur genau durch die Mitte des Eingangs verlaufen.

| Kapitel 9 | Mathematik am Rande des Bildungsplanes? |

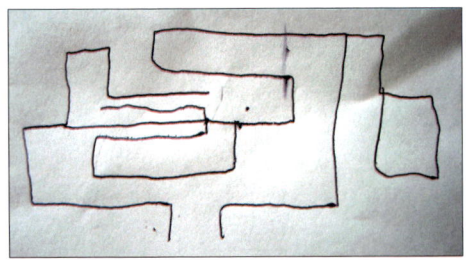

Aufgabe: Das Labyrinth stellt beispielsweise ein unterirdisches System von Gängen dar, in denen (wegen Explosionsgefahr) kein Licht gemacht werden darf. Ziel ist das Erstellen einer Karte von allen Gängen, quasi eine Art Straßenkarte.

Durchführung: Während der Leiter das Labyrinth abspannt, können die Teilnehmer sich an das Blindsein gewöhnen. Je fünf Minu-

ten soll ein Sehender einen Blinden führen, dann werden die Rollen getauscht. Es ist unbedingt auf eine ernste Atmosphäre zu achten. Blindenexperimente sind nicht ungefährlich.

Während der gesamten Übung darf außer dem Spielleiter niemand *sehend* den Raum betreten. Es gibt also zwei Räume: Den unterirdischen Stollen, der nur blind betreten werden darf und den Raum *über* Tage, hier ist Licht und hier darf auch diskutiert werden.

Alternativen:
Gibt es nur einen Raum mit einer Tür, so kann statt eines Ausganges der richtige Weg zu einem „Schatz" führen. Nach dessen Ertasten treten die Teilnehmer den Rückweg an.

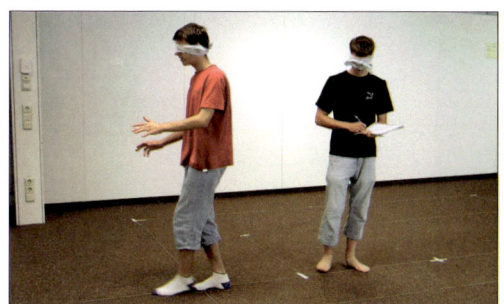 

Hintergrund:
Diese Übung zählt bei den Schülern zu den beliebtesten. Sie verbindet sehr viele Disziplinen miteinander. Zum einen lässt sie den Spieler in eine andere Wahrnehmungswelt eintauchen: Er ist blind. Dieses Handicap erfordert gegenseitiges Vertrauen, ist also eine Übung der Achtsamkeit.

Mathematisch betrachtet, ist der Aspekt der *lokalen* und *globalen* Betrachtungen am interessantesten. „Über Tage" wird das Gangsystem *global* betrachtet, „unter Tage" hingegen *lokal* ertastet. Es ist wie das Lesen einer Straßenkarte: real sieht man nur einen winzigen Ausschnitt der Stadt, gleichzeitig hat man einen Gesamtüberblick über alle Straßen und Wege. Dieses Denken ist abstrakt: Auf einem Stück Papier folgt der Zeigefinger einem virtuellen Weg. Das ist Mathematik ohne Zahlen.

9.4 Minimalflächen und Seifenblasen

Eine Seifenlauge hat das Bestreben, möglichst lange zu leben. Wie auch wir Menschen. Jedoch ist die Umsetzung einer langen Lebensdauer für die Seifenblase recht einfach: Ihre Haut soll so dick wie möglich sein. Und das erreicht sie dadurch, dass sie sich so weit wie möglich zusammenzieht. Im einfachsten Fall entsteht eine Kugel. Interessanter sind Minimalflächen unter Randbedingungen. Was entsteht, wenn man einen Tetraeder in Seifenlauge eintaucht oder einen Würfel?

Wie bespannt sich dann die Oberfläche, was ist eine Lösung für eine *minimale* Oberfläche? Oder genauer: Was für verschiedene Lösungen gibt es beim jeweiligen eingetauchten Körper?
Das Olympiastadion in München verdankt seine Bauweise Experimenten mit Seifenlauge.
Die Gestelle lassen sich halbwegs gut mit Pattex kleben, besser sind jedoch Heißklebepistolen. Vielleicht kann man sich auch mit den Kunstlehrern in der Schule absprechen. Möchten Sie die Formen fotografisch festhalten, so wählen sie einen schwarzen, nicht reflektierenden Hintergrund. Die Lichtquelle sollte sich hinter der Kamera befinden.

Rezepte:
Im Internet findet man viele Rezepte. Oftmals wird eine Lösung von Zucker und Leim verwendet, die organischen Stoffe können sich

| Kapitel 9 | Mathematik am Rande des Bildungsplanes? |

allerdings schnell zersetzen. Salz macht die Sache haltbarer. Nach vielen Experimenten empfehle ich folgende Mischung:
- 300 g (Gramm) Zucker
- 8 Esslöffel Salz
- 4,2 l (Liter) destilliertes Wasser. (Da Kalk die Seife bindet, ist normales Leitungswasser schlechter als destilliertes Wasser. Das gibt es in der Apotheke oder im Baumarkt oder im Wäschetrockner.) Tipp: Man besorge sich fünf Liter destilliertes Wasser in einem Kanister, dann hat man auch gleich einen passenden Behälter zum Aufbewahren.
- 450 ml (Milliliter) Spülmittel (Fairy Ultra). (Amerikanische Spülmittel eignen sich besser, da sie meist einen höheren Tensid-Anteil als deutsche Spülmittel haben. Fairy Ultra ist das einzige, das man in Deutschland derzeit bekommt.)
- 40 ml Glycerin (zum Beispiel aus der Apotheke).

Zuerst wird die Zuckerlösung angesetzt. Dazu werden 600 ml Wasser in einem Topf erwärmt. Die 300 g Zucker und die 8 Esslöffel Salz gibt man dann in das warme Wasser und rührt so lange, bis sich die Zuckerkristalle vollständig aufgelöst haben.

Anschließend werden in einem anderen Gefäß 450 ml Spülmittel mit 600 ml Wasser vermischt.

Danach wird das Gemisch aus Spülmittel und Wasser in den Topf mit dem Zuckerwasser geschüttet. Zuletzt werden das restliche Wasser (3 Liter) und die 40 ml Glycerin in den Topf hinzugegeben.

Das Gemisch nun bei Zimmertemperatur 2 Stunden gut durchziehen lassen.

Die alkoholhaltige Flüssigkeit Glycerin trägt ebenso wie Zucker dazu bei, dass die Seifenlösung zäher wird und die Seifenhäute dicker werden. Das macht die Seifenblasen stabiler.

9.5 24 Stunden Mathematik

Die Herausforderung muss verrückt genug klingen, dann funktioniert es. Eine Stunde Mathematik *zusätzlich* ist für den Schüler nahezu unvorstellbar, vor allem, wenn es keinen bestimmten Grund dazu gibt. Die Ankündigung, dass diesen Nachmittag zwei Mathestunden ausfallen, bewirken Freudenschreie.

24 Stunden Mathematik im Takt zu treiben – 50 Minuten Unterricht, 10 Minuten Pause – 50 Minuten Unterricht, 10 Minuten Pause, ... – klingt absurd. Die Ankündigung, dass man durch die Teilnahme keinen direkten Gewinn für die eigene Mathenote hat, schmälert die Bereitschaft nicht.

Zum ersten Mal fand die Veranstaltung 2002 am Wildermuth-Gymnasium in Tübingen statt. Vielleicht dringen diese Grüße bis zu meiner damaligen Matheklasse 11b und Rektor Alfred Lumpp durch. Inzwischen fand der von der Presse bezeichnete „Marathon" sechsmal statt. Zur Illustration noch die Version von 2005:

Was die Klasse 11b am 11. November 2005, beginnend um 18:00 Uhr erlebt hat, lässt sich nur andeuten. Mathematik ist vielleicht die einzige Wissenschaft, die zumindest einen winzigen Teil der Unendlichkeit, wenn schon nicht verstanden hat, so zumindest doch damit umgehen kann. Betrachtet man Mathematik als eine Lehre von Ideen, so kommt man vielleicht auf das Höhlengleichnis von Platon und manch einer beginnt zu fühlen, dass nebst der Kunst, die reine Form ohne Inhalt, die Mathematik also, schön sein kann.

Mögen es viele für verrückt halten, sich 24 Stunden am Stück der Mathematik hinzugeben, so begreift es nur derjenige als Erlebnis und spürt eine Veränderung in seiner Einstellung, der es erlebt und vielleicht auch

Uhrzeit	Thema
18:00 Uhr	Aus der Höhle zur Mathematik oder „Wozu Mathematik": Die Platonstunde
19:00 Uhr	Unendlichkeit und Mengen und ℚ oder ein Hotel mit unendlich vielen Zimmern
20:00 Uhr	IR oder gibt's denn noch mehr als bis unendlich zu zählen?
21:00 Uhr	Minimalflächen – Seifenlauge und die Mathematik
22:00 Uhr	Konstruktionen aus Seifenlauge
23:00 Uhr	Ein Beweisprinzip oder über einen „abgespeckten" Vier-Farben-Satz
00:00 Uhr	Mönchproblem oder das Spiel um einen Algorithmus
01:00 Uhr	Gruppen oder was brauchen wir eigentlich zum Rechnen.
02:00 Uhr	Körper (Zahlenkörper) oder die Hochzeit zweier Gruppen
03:00 Uhr	Die Verbindung von Geometrie und Zahlen: Vektoren und Koordinatensysteme
04:00 Uhr	Warum Hasen Zahlen kennen oder Zahlenreihen in der Natur
05:00 Uhr	Eine Schach-Domino-Aufgabe oder ein Beweis bedarf einer Idee
06:00 Uhr	Wie schief kann man Jims Bauklötze stapeln?
07:00 Uhr	Noch mehr über Primzahlen
08:00 Uhr	Verschlüsselungen und geheime Botschaften
09:00 Uhr	Sichere Verschlüsselungen, unknackbare Codes?
10:00 Uhr	ℂ (komplexe Zahlen) oder wer hat gesagt, dass es keine Wurzeln aus negativen Zahlen gibt?
11:00 Uhr	Platonische Körper (in Seifenlauge)
12:00 Uhr	Ecken, Kanten und Flächen oder die Euler-Formel
13:00 Uhr	Streichhölzer oder wo beginnt Mathematik? Beim Lesen einer Landkarte? Bei Grundrissen?
14:00 Uhr	m & m's – oder das Abschätzen großer Mengen.
15:00 Uhr	Mathe im Alltag oder was nützlich sein kann
16:00 Uhr	Wozu Mathematik – Mathematik als Teil des Menschseins. Was wäre ohne Mathe?
17:00 Uhr	Unbewiesenes und die Top Ten der mathematischen Sätze

durchlitten hat. Mitunter ist man versucht, diese Veränderung auch Erkenntnis zu nennen.

Es verändert sich der Betrachtungswinkel: Statt Seifenlauge erkennt man Minimalflächen. Die Natur selbst sucht sich die minimalste Oberfläche und bespannt so Tetraeder, Würfel, ja selbst das Olympiastadion in München.

Beides also, die Mathematik in ihrer Reinform und Ästhetik wie auch ihre Anwendung, ist begriffen und gefühlt worden.

| Kapitel 9 | Mathematik am Rande des Bildungsplanes?

So bin ich fasziniert und stark beeindruckt, was Schüler der Klasse 11b nach 23 Stunden der Presse erzählt haben: Eine kritische Betrachtung unserer Schulmathematik, eine höchst differenzierte Beurteilung, auch die Frage danach, ob Mathe in der Schule Sinn macht und gelehrt werden sollte.

Das sind intelligente Stimmen, die in der Reflexion über unserer Schulsystem gehört werden sollten.

Kapitel 9 Mathematik am Rande des Bildungsplanes?

9.6 Das Mönchproblem oder die Suche nach einem Kommunikationssystem als Algorithmus

Ich habe dieses Rätsel auf einer Physikertagung bei Claus Zimmermann abends am Lagerfeuer gehört:

Ein Mönchkloster, fernab jeglicher Zivilisation, wird sehr selten von einer eigentümlichen Krankheit heimgesucht. Die Krankheit bricht schlagartig aus, wahrscheinlich durch einen Insektenschwarm, der über Nacht einigen Mönchen die Krankheit injiziert.

Der Krankheitsverlauf: Der Infizierte bekommt ein grünes Gesicht, sonst merkt er vorerst überhaupt nichts. Nach ein paar Wochen stirbt er ohne Vorwarnung. Solange der Mönch noch lebt, ist die Krankheit nicht ansteckend, mit dem Eintritt des Todes ändert sich das schlagartig.

Über die Mönche ist bekannt, dass sie ein Schweigegelübde abgelegt haben, sie kommunizieren nicht, weder verbal noch nonverbal. Da es keine Spiegel gibt, kann kein Infizierter die bedrohende Krankheit an sich selbst erkennen und es wird ihm auch keiner sagen.

Es gibt allerdings das „Stille Gebet" jeden Morgen bei Sonnenaufgang, bei dem alle Mönche im Kreis stehen und sich gegenseitig still betrachten, dann verneigen sie sich und gehen bis zum nächsten Morgen wieder ihrer Arbeit nach.

An einem Tag bricht die Krankheit bei fünf Mönchen aus. Jeder von ihnen würde sofort das Kloster verlassen, wenn er um seine Infektion weiß, um weit draußen den Tod zu erwarten. Keiner möchte seine Brüder anstecken. Werden alle Mönche sterben oder gibt es eine Rettung? Können die Kranken in irgendeiner Weise herausfinden, dass sie krank sind und wenn ja: Zu welchem Zeitpunkt verlassen sie das Kloster?

Spannender und viel klarer wird die Situation, wenn man sie nachstellt. Der Lehrer geht herum und klebt jedem Schüler einen Punkt auf die Stirn. Klebepunkte sind ganz geschickt, alternativ kann sich jeder Schüler Kreppband an die Stirn kleben und der Lehrer „zeichnet" die Schüler mit zwei verschiedenfarbigen Eddings. Einige Punkte davon sind grün, der Rest andersfarbig. Die Anzahl der grünen Punkte wird nicht verraten, es müssen allerdings

| Kapitel 9 | Mathematik am Rande des Bildungsplanes? |

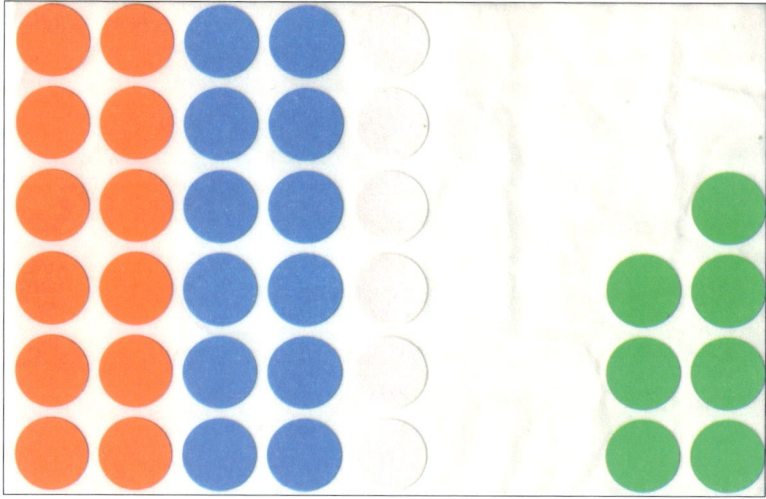

mindestens zwei sein. Abdunkeln des Raumes, ein paar Kerzen und gegebenenfalls ein Räucherstäbchen schaffen Atmosphäre.

Die Lösung in mehreren Schritten:
Wir nehmen zunächst an, dass genau ein Mönch krank ist und dass jeder Mönch weiss, dass mindestens einer von ihnen infiziert ist:
Alle Mönche sehen am ersten Morgen beim „Stillen Gebet" genau einen Kranken, bis auf den betroffenen Mönch A selbst. Da dieser weiss, das mindestens einer krank ist, er jedoch kein grünes Gesicht sieht, lautet der zwingende Schluss: Er selbst ist infiziert. Somit verlässt er nach dem Morgengebet, also am *ersten Tag*, das Kloster um seine Mitbrüder zu retten.

Wir wollen jetzt annehmen, dass zwei Mönche krank sind. Wieder wollen wir annehmen, dass jeder Mönch weiß, dass mindestens einer von ihnen infiziert ist:

Bis auf zwei Mönche, zählen alle beim Morgengebet genau zwei grüne Gesichter. Die Ausnahmen sind Mönch A und Mönch B. Beide sehen nur einen Kranken. Versetzen wir uns einen Moment in die Lage von Mönch B: Er sieht genau einen Kranken. Er macht die Annahme, dass er gesund ist. Von seinem Standpunkt aus, ist die Situation dieselbe, wie die gerade geschilderte. Er nimmt also an, dass Mönch A nur gesunde Gesichter sieht und demzufolge am nächsten Tag nicht mehr erscheint. Am zweiten Tag kommt Mönch A allerdings wieder zum Morgengebet. Also war die Annahme falsch und er selbst ist ebenfalls infiziert. Als Folge verlässt er am *zweiten Tag* das Kloster. Mönch A ergeht es genau gleich. Also verlassen sie das Kloster zusammen.

Im Folgenden seien drei Mönche krank. (Die Forderung, dass mindestens einer krank sein muss, kann jetzt fallen gelassen werden, da jeder mindestens zwei Kranke sieht.)

Bis auf die infizierten Mönche sehen alle drei grüne Gesichter. Die Kranken selbst sehen nur zwei Infizierte. Versetzen wir uns in die Situation von Mönch C. Er sieht genau zwei Kranke (A und B). Er sieht dasselbe Bild, als ob nur zwei Mönche krank wären. Nimmt er an, dass er gesund ist, müssten die Mönche A und B genau wie oben beschrieben noch zwei Morgenandachten erscheinen, um danach das Kloster zu verlassen. Überraschenderweise kommen die erkrankten Mönche am nächsten Tag erneut zum Morgenkreis. Also war die Annahme falsch, dass er gesund wäre. Also geht er am *dritten Tag*.

Den Mönchen A und B ist es nicht anders ergangen. Zuerst sehen sie ebenfalls zwei grüne Gesichter und erwarten genau wie Mönch C, dass die beiden anderen das Kloster am zweiten Tag verlassen. Fazit: Alle drei verlassen zusammen am *dritten Tag* das Kloster.

Induktiv geht es entsprechend weiter. Vier Mönche verlassen am *vierten Tag* gemeinsam das Kloster, fünf am *fünften Tag*, etc. … Damit ist das Rätsel gelöst.

Meistens stellen die Schüler die Szene von sich aus mit einem, dann zwei Kranken nach. Und meist hilft der Tipp, dass sie sich zuerst die Situation mit einem Kranken und dann mit zweien durchdenken können.

In dem Mönchsproblem ist mehr Mathematik enthalten als es auf den ersten Blick vielleicht scheint. Die innenliegende „Vollständige Induktion", wie auch die Technik des Widerspruchsbeweises (Mönch B nimmt an, dass er gesund wäre, …), ist nicht einfach. Deswegen wundert es auch nicht, dass die Erklärung in der Regel mindestens eine Viertelstunde Zeit in Anspruch nimmt.

Materialien

Wenn man dieses Buch durchblättert, hat es vielleicht den Anschein, als ob eine Vielzahl an Materialien nötig sei, um die Methoden im Unterricht umzusetzen. Dem ist nicht so, alles bleibt im Rahmen.

9.7 Ein Koffer

Entscheidend für *kreatives Handeln* ist die Möglichkeit für unmittelbares Handeln. Natürlich kann man Kreppband und Knete und Kreide und Scheren und Schnüre für den Unterricht organisieren, aber für den Schulalltag ist es leichter, wenn man benötigte Materialien mit einem Griff zur Hand hat. Ansonsten macht man es nicht.

Eine mögliche Lösung besteht in einem Materialkoffer:

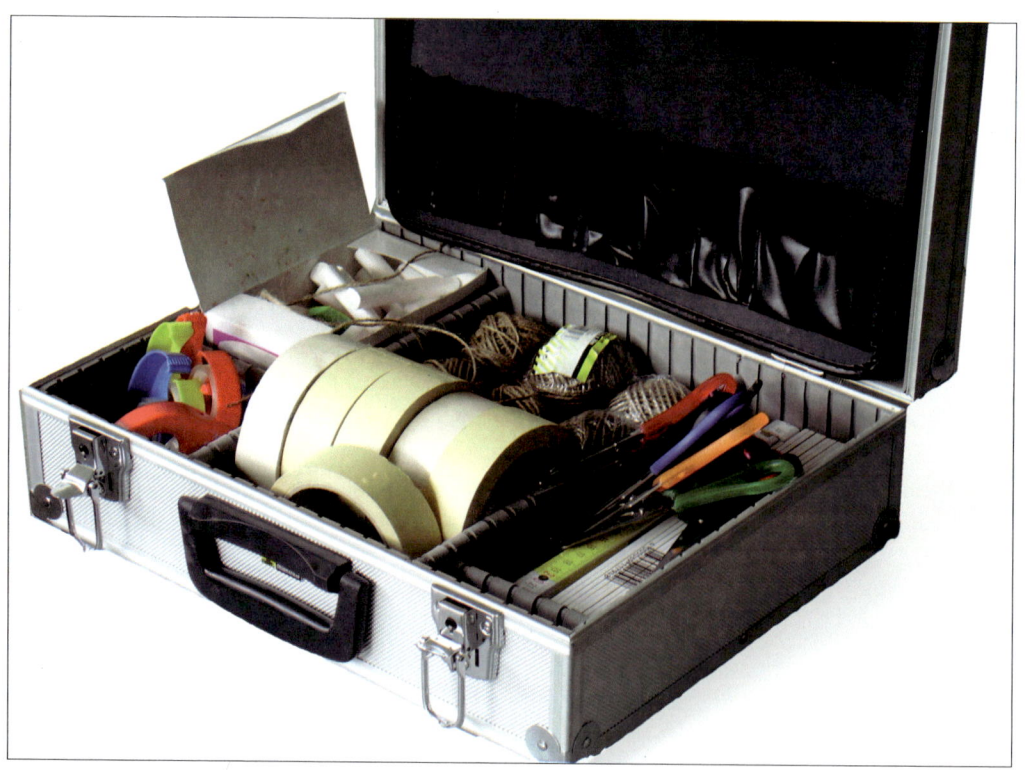

Diese Einrichtung lässt sich empfehlen:
- ein paar Scheren
- 6 x Packschnur
- rote Schnur
- 6 Zollstöcke
- Kreppband
- Luftballons (Luftdicht verpackt)
- Knete in den drei Grundfarben
- Trinkhalme
- genügend Kreide, auch farbige

Natürlich kann man immer mehr einpacken. Streichhölzer, Magnete und noch mehr Scheren.

Wozu Abenteuer?

Mathematik ist nicht irgendein Fach. Der Abenteurer verlässt das vertraute Territorium und begibt sich auf neue Wege. Dieses Buch möchte die Möglichkeit eines Unterrichts aufzeigen, der auf einem konstruktivistischen Lernverständnis beruht. Vielleicht ist die Umsetzung schwerer, als man im ersten Moment vermutet. Der Lehrer schlüpft in eine neue Rolle. Unterrichten wird zum Strukturieren von Lernprozessen. Es geht nicht einfach nur um neue Methoden, sondern um ein bestimmtes Menschenbild: Der Schüler kann seinen Lernprozess selbst mitgestalten. Ja, er soll seine eigene mathematische Welt konstruieren. Er hat mehr Freiheit und ist zugleich stärker verantwortlich für sein Lernen.

So ist es vielleicht in vielen Fällen egal, welche mathematischen Inhalte in der Schule unterrichtet werden. Man könnte doch auch mehrdimensionale Funktionen, Zahlentheorie oder komplexe Zahlen lehren? Es geht um eine Schulung des Denkens. Um strukturelles Denken, um reine Form ohne Inhalt. Im besten Falle um die Demonstration, über welche Kraft zur Abstraktion der menschliche Geist verfügt. Und natürlich um die Freude am Denken.

Literatur

[Beu] BEUTELSPACHER, Albrecht: „In Mathe war ich immer schlecht ...", Vieweg Verlag, Braunschweig/Wiesbaden, 1996

[Beu] BEUTELSPACHER, Albrecht: Moderne Verfahren der Kryptographie, Vieweg Verlag, Braunschweig/Wiesbaden, 4. Auflage 2001

[Bro] BROOK, Peter: Der leere Raum; Alexander Verlag, Berlin, 8. Auflage 2004

[Dör] DÖRNER, Dietrich: Die Logik des Misslingens, Rowohlt Taschenbuch Verlag, Reinbek bei Hamburg, 13. Auflage 2000

[Els] ELSCHENBROICH, Donata: Weltwunder; Verlag Antje Kunstmann, München 2005

[Enz] Enzensberger, Hans und Berner, Rotraut: Der Zahlenteufel; Dtv 1999

[Gre] GRELL, Jochen: Techniken des Lehrerverhaltens; Beltz Verlag, Weinheim und Basel, 8. Auflage 1978

[Kli] KLIPPERT, Heinz: Kommunikationstraining; Beltz Verlag, Weinheim und Basel, 7. Auflage 2000

[Kli] KLIPPERT, Heinz: Teamentwicklung im Klassenraum; Beltz Verlag, Weinheim und Basel, 1998

[Kra] KRAMER, Martin: Schule ist Theater, Schneider-Hohengehren, Esslingen am Neckar, 2008

[Kra] KRAMER, Martin: Lernzirkel in der Box – Mathe aktiv erfassen, AOL Verlag, Lichtenau, 2007

[Kra] KRAMER, Martin: Mathe-Dominos, AOL Verlag, Lichtenau, 2006

[Pet] PETERSSEN, Wilhelm H.: Kleines Methoden-Lexikon, Oldenbourg Schulbuchverlag, München, 1999

[Sch] Aus: SCHLEY, Winfried: Teamkooperation und Teamentwicklung in der Schule. In: Altrichter, H., Schley, W., Schratz, M.(Hrsg.): Handbuch zur Schulentwicklung, Studien Verlag Innsbruck Wien 1998

[Sin] SINGH, Simon: Geheime Botschaften, Carl Hanser Verlag, München/Wien 2000

[Sin] SINGH, Simon: Fermats letzter Satz, Carl Hanser Verlag, München/Wien 1998

[Spe] Spektrum der Wissenschaft: Mathematische Unterhaltungen

[SvT] SCHULZ VON THUN, Friedemann: Miteinander reden Bd 3; Rowohlt Taschenbuch Verlag, Reinbek bei Hamburg, Sonderausgabe März 2005

[Wel] Wellhöfer, Peter R.: Gruppendynamik und soziales Lernen; Lucius & Lucius, Stuttgart, 2. Auflage 2001

Dank

Eine Seite ist fast zu knapp, um allen Menschen zu danken, die in Worten und Taten zu diesem Buch beigetragen haben. In erster Linie danke ich meinen Schülern dafür, dass sie sich eingelassen und mitgemacht haben auf eine für sie noch ungewohnte Didaktik. Es waren fast immer die Schüler, die mich in meiner Arbeit bestärkt haben – sie waren dabei ehrlich, spontan, kritikfähig und konstruktiv. So haben auch mehrere hundert Schüler des Quenstedt-Gymnasiums Mössingen dem Verlag die Druckgenehmigung für die Bilder im Buch gegeben. Ein spezieller Dank geht an „meine" Abiturklasse für ihre „Blumen" – siehe Bild oben – von jedem eine Pflanze den Farbgruppen entsprechend.

Ein initierender Moment für das Buch war das „Flagge zeigen" meiner damaligen 10 c. Sehr viel habe ich von *Peter Schüler* gelernt, ich bin froh darüber, ihn unterrichtet zu haben.

Danken möchte ich außerdem *Uli Gundert* für die Mittwochssessen und *Heinz Hanfland* für das Willkommen heißen am Quenstedt-Gymnasium. Besonderer Dank an die *Landesarbeitsgemeinschaft TheaterPädagogik BW e. V.* für ihre hervorragende Ausbildung. Last but not least möchte ich *Katja Pfaff* und *Laura Hensel* für das Korrekturlesen und *Joachim Friedrichs* für die Arbeit am Satz danken.